风景园林理论与实践系列丛书

北京林业大学园林学院 主编

Landscape Infrastructure: Theory and Practice

景观基础设施：思想与实践

李倞 著

中国建筑工业出版社

图书在版编目（CIP）数据

景观基础设施：思想与实践/李倞著. 一北京：中国建筑工业出版社，2016.11
（风景园林理论与实践系列丛书）
ISBN 978-7-112-19822-1

Ⅰ.①景… Ⅱ.①李… Ⅲ.①城市景观—基础设施建设—研究 Ⅳ.①TU-856

中国版本图书馆CIP数据核字（2016）第217175号

责任编辑：杜　洁　兰丽婷
书籍设计：张悟静
责任校对：陈晶晶　姜小莲

风景园林理论与实践系列丛书
北京林业大学园林学院　主编

景观基础设施：思想与实践
李　倞　著

*

中国建筑工业出版社出版、发行（北京海淀三里河路9号）
各地新华书店、建筑书店经销
北京锋尚制版有限公司制版
北京京华铭诚工贸有限公司印刷

*

开本：880×1230毫米　1/32　印张：7⅞　字数：259千字
2017年1月第一版　2018年4月第二次印刷
定价：35.00元
ISBN 978 - 7 - 112 - 19822 - 1
　　　（29325）

学到广深时，天必奖辛勤

——挚贺风景园林学科博士论文选集出版

人生学无止境，却有成长过程的节点。博士生毕业论文是一个阶段性的重要节点。不仅是毕业与否的问题，而且通过毕业答辩决定是否授予博士学位。而今出版的论文集是博士答辩后的成果，都是专利性的学术成果，实在宝贵，所以首先要对论文作者们和指导博士毕业论文的导师们，以及完成此书的全体工作人员表示诚挚的祝贺和衷心的感谢。前几年我门下的博士毕业生就建议将他们的论文出专集，由于知行合一之难点未突破而只停留在理想阶段。此书则知行合一地付梓出版，值得庆贺。

以往都用"十年寒窗"比喻学生学习艰苦。可是作为博士生，学习时间接近二十年了。小学全面启蒙，中学打下综合的科学基础，大学本科打下专业全面、系统、扎实的基础，攻读硕士学位培养了学科专题科学研究的基础，而博士学位学习是在博大的科学基础上寻求专题精深。我唯恐"博大精深"评价太高，因为尚处于学习的最后阶段，博士后属于工作站的性质。所以我作序的题目是有所抑制的"学到广深时，天必奖辛勤"，就是自然要受到人们的褒奖和深谢他们的辛勤。

"广"是学习的境界，而不仅是数量的统计。1951 年汪菊渊、吴良镛两位前辈创立学科时汇集了生物学、观赏园艺学、建筑学和美学多学科的优秀师资对学生进行了综合、全面系统的本科教育。这是可持续的、根本性的"广"，是由风景园林学科特色与生俱来的。就东西方的文化分野和古今的时域而言，基本是东方的、中国的、古代传统的。汪菊渊先生和周维权先生奠定了中国园林史的全面基石。虽也有西方园林史的内容，但缺少亲身体验的机会，因而对西方园林传授相对要弱些。伴随改革开放，我们公派了骨干师资到欧洲攻读博士学位。王向荣教授在德国荣获博士学位，回国工作后带动更多的青年教师留学、进修和考察，这样学科的广度在中西的经纬方面有了很大发展。硕士生增加了欧洲园林的教学实习。西方哲学、建筑学、观赏园艺学、美学和管理学都不同程度地纳入博士毕业论文中。水源的源头多了，水流自然就宽广绵长了。充分发挥中国传统文化包容的特色，化西为中，以中为体，以外为用。中西园林各有千秋。对于学科的认识西比中更广一些，西方园林除一方风水的自然因素外，是由城市规划学发展而来的风景园林学。中国则相对有独立发展的体系，基于导师引进西方园林的推动和影响，博士论文的内容从研究传统名园名景扩展到城规所属城市基础设施的内容，拉近了学科与现代社会生活的距离。诸如《城市规划区绿地系统规划》、《基于绿色基础理论的村镇绿地系统规划研究》、《盐水湿地"生物—生态"景观修复设计》、《基于自然进程的城市水空间整治研究》、《留存乡愁——风景园林的场所策略》、《建筑遗产的环境设计研究》、《现代城市景观基础建设理论与实践》、《从风景园到园林城市》、《乡村景观在风景园林规划与设计中的意义》、《城市公园绿地用水的可持续发展设计理论与方法》、《城市边缘区绿地空间的景观生态规划设计》、《森林资源评估在中国传统木结构建筑修复中的应用》等。从广度言，显然从园林扩展到园林城市乃至大地景物。唯一不足是论题文字烦琐，没有言简意赅地表达。

学问广是深的基础，但广不直接等于深。以上论文的深度表现在历史文献的收集和研究、理出研究内容和方法的逻辑性框架、论述中西历史经验、归纳现时我国的现状成就与不足、提出解决实际问题的策略和途径。鉴于学科是研究空间环境形象的，所以都以图纸和照片印证观点，使人得到从立意构思到通过意匠创造出生动的形象。这是有所创造的，应充分肯定。城市绿地系统规划深入到城市间空白中间层次规划，即从城市发展到城市群去策划绿地。而且从城市扩展到村镇绿地系统规划。进一步而言，研究城乡各类型土地资源的利用和改造。含城市水空间、盐水湿地、建筑遗产的环境、城市基础设施用地、乡村景观等。广中有深，深中有广。学到广深时是数十年学科教育的积淀，是几代师生员工共铸的成果。

反映传承和创新中国风景园林传统文化艺术内容的博士论文诸如《景以境出，因借体宜——风景园林规划设计精髓》是吸收、消化后用学生自己的语言总结的传统理论。通过说文解字深探词义、归纳手法、调查研究和投入社会设计实践来探讨这一精髓。《乡村景观在风景园林规划与设计中的意义》从山水画、古园中的乡村景观并结合绍兴水渠滨水绿地等作了中西合璧的研究。《基于自然进程的城市水空间研究》把道法自然落实到自然适应论、自然生态与城市建设、水域自然化，从而得出流域与城市水系结构、水的自然循环和湖泊自然演化诸多的、有所创新的论证。《江南古典园林植物景观地域性特色研究》发挥了从观赏园艺学研究园林设计学的优势。从史出论，别开蹊径，挖掘魏晋建康植物景观格局图、南宋临安皇家园林中之梅堂、元代南村别墅、明清八景文化中与论题相符的内容和"松下焚香、竹间拨阮"、"春涨流江"等文化内容。一些似曾相见又不曾相见的史实。

为本书写序对我是很好的学习。以往我都局限于指导自己的博士生，而这套书现收集的文章是其他导师指导的论文。不了解就没有发言权，评价文章难在掌握分寸，也就是"度"、火候。艺术最难是火候，希望在这方面得到大家的帮助。致力于本书的人已圆满地完成了任务，希望得到广大读者的支持。广无边、深无崖，敬希不吝批评指正，是所至盼。

孟兆祯

2015 年 1 月

前　言
城市基础设施的困境与未来

伴随着城市化的发展，基础设施已经成为支撑现代城市生存和发展的最核心的系统，在城市建设中发挥着不可替代的功能。但是，受到现代机械主义思想的影响，它正在逐渐演变成为一种遵循单一功能的工程构筑物，而缺少对自然生态、城市环境、社会文化、美学等方面的综合考虑。城市居民在享受基础设施所带来的巨大生活便利的同时，也不得不忍受其附带的一系列负面影响。

从目前基础设施的发展模式来看，工程师总是试图利用一种机械化的招式来创造一个更加可持续的城市支撑结构，致使基础设施无法从容面对错综复杂和不断变化的有机城市系统。而且，城市化进程的进一步推进，人口的持续增长以及全球气候变化越来越显著的影响等，都将给城市基础设施带来前所未有的压力，使其面临的问题变得更加棘手。这些问题显然给当前的城市基础设施建设提出了新的挑战，但同时也蕴藏了巨大的发展机遇。

（1）城市病与全球气候变化的应对

目前全世界已经有一半以上的人口生活在城市，到2020年，这一比例将上升至2/3。城市已经成为新世纪人类活动的最主要场所，尤其是在包括中国在内的发展中国家，无论从规模、速度还是范围上讲，城市都正在以前所未有的方式进行着快速的发展，但由此带来的问题也已经迅速成为影响居民生活的最主要因素。这种快速、密集的城市化发展已经严重地削弱了城市系统的正常功能，尤其是给城市基础设施造成了巨大的压力。基础设施既要为城市提供更多的水、食物、能源，服务城市的流通、传输，也要处理城市所产生的垃圾、污水并减少空气污染，同时肩负着促进城市经济发展、提高居民生活水平和改善城市环境的多重重任。当我们按照现有模式不断地扩大基础设施规模的同时，它的功能效率却在不断降低。越来越多的人开始质疑目前的功能单一、集中式、机械化的基础设施，担心它是否能够支撑城市这一复杂、动态巨系统未来的持续发展，并转而寻找基础设施未来更新和发展的潜力。

气候变化也将同时给城市基础设施带来严峻的挑战。有证据显示，气候变化带来的全球气温上升，将显著改变整个地球的水文循环模式。现有的城市基础设施由于缺乏弹性，在全球气候变化的影响下将变得异常脆弱。气温升高和海平面上升，将使现有的城市堤防系统面临严峻考验。世界上许多沿海城市都将受到影响，土地、食物、淡水等资源都将面临困境。除了要应对全球海平面上升的问题，更要面对极端天气条件的影响。由于城市的开发建设，大量的海滨、湖滨、河畔被修建了硬质的防洪堤坝，原有的滩涂湿地所发挥的"软堤坝"

洪水调蓄能力持续丧失，洪泛的风险不断加剧。由于城市存在大量的硬化表面，使得一场规模不大的降雨就可能使许多城市的排水系统濒临瘫痪。为了应对全球气候变化，现有城市基础设施的功能迫切需要提升。但越来越多的实践表明，我们不能单纯依靠修建数量更多或防御标准更高的基础设施来解决问题，而是需要转变模式，思考如何修建能够适应气候变化，更加弹性有效的基础设施。

（2）城市存量更新的重要潜力空间

在过去几十年的时间里，城市以惊人的速度经历了快速的扩张和工业化发展。这些城市受到"二战"后功能主义模式的影响，带有明显的"机械化"倾向，城市空间和环境也因此变得越来越单调和匮乏。在今天，如何修复城市成为需要重新思考的重大问题，越来越多的研究者开始将目光从新城转向城市内部，寻找城市内部存量空间的挖掘和优化途径，开启城市的可持续发展探索。

从空间上讲，基础设施占据了大量的城市空间，已经成为主导现代城市结构的关键性要素。在现代城市功能分区思想的影响下，基础设施的附属空间从城市中割离出来。这些空间的功能排他性非常显著，在基础设施的负面影响下，往往成为城市中的"失落地带"，在不断地衰落过程中被逐渐遗忘，产生了大量碎片化的城市区域。在基础设施向高效率、复合型转变过程中，伴随着技术革新和模式转变，甚至是一些基础设施的废弃，这些空间都将被重新释放出来，成为城市中最宝贵的潜力空间资源。通过精心的设计和改造，可以实现这些空间的再生利用，激活城市的内向更新，催生城市的密度增强和活力集聚，从而与周边城市肌理重建联系，形成一个更加连贯的城市片段。在基础设施转变为一个具有复合功能的人工与自然的糅合体的过程中，它的空间就像是一个巨大的城市再生孵化器，可以看作是对城市空间资源的一次重要且极具可行性的释放和共享。

（3）大规模基础设施投资的驱动力

城市基础设施是实现城市经济持续、稳定增长的基础，对基础设施的投资能够产生比较明显的推动经济发展的"乘数效益"❶。因此，在当今全球经济增长持续乏力的背景下，世界各国都在开展以政府为主导的大规模基础设施建设，以此推动国家经济的复苏。

大规模基础设施投资为城市的未来发展提供了新的机遇。相比其他类型的城市建设，基础设施建设通常是场地建设的第一步，其投资具有非常明显的先导性，占据显著的优势地位。

当今的城市基础设施建设和更新不应当再是一种单纯的经济促进行为，而可以被看作是实现一个区域进一步完善和可持续发展的重要机遇，需要更加注

---

❶ http://baike.baidu.com/view/277705.htm#2 [2010-9]。

重其在自然生态、社会生活、城市文化等方面的综合效益的发挥。尤其可以将一些具有良好社会、环境和文化价值，但投资回报率相对较低的项目与基础设施进行捆绑，发挥基础设施的多功能驱动能力，使其不仅是一种"投资友好型的基础设施"，更成为一种"环境友好型"和"社会友好型"的城市基础设施。

（4）景观与基础设施结合的巨大潜力

随着现代专业的细分，基础设施更多的是朝向现代工程技术的领域拓展，而逐渐削弱了与土地管理、生态、社会等领域的联系，造成了其与城市规划、建筑、景观等专业的分离。目前，越来越多的相关学科研究者开始将目光投向城市基础设施，认为基础设施是城市最重要的组成部分之一，是实现城市可持续发展的基础。基础设施应当超越单纯的工程设施的界限，作为一种未被完全开发的资源，从多学科领域的视角进行重新定位。

景观可以提供一种独特的视角、思考方式和设计手段——利用基础设施功能、空间模式转化的契机，通过景观创造性的介入，形成一种混合的景观基础设施系统，并在这个过程中整合一系列相关联的建设行动，将已经丧失活力的基础设施空间逐渐改造为具有多元价值、积极的城市空间，进而显著提升城市环境品质，成为在实现城市可持续发展过程中可以遵循的有效机制之一❶。

风景园林师可以将基础设施作为基本着眼点，从对其发展过程和特征进行研究入手，发现景观介入基础设施的潜力。在景观基础设施的研究中需要采用一种跨学科的思考模式，并在实践中运用多学科合作的工作方式。

景观基础设施是一种针对当今城市新议题的开放性的应用研究理论。本书在对大量具有代表性的项目进行分类研究的基础上，试图厘清景观基础设施的应用框架体系，基于现代基础设施的基本分类将其拆分为五种主要类型，并提出依托这些基本类型整合构建景观基础设施网络的策略方法。本书重视理论研究与实践应用的结合，努力尝试基于景观基础设施的复杂性特征，提出更加特殊、有效的设计途径和方法。研究成果并不在于提出类似于传统基础设施的标准化、机械化的模式，而是主张通过研究能够提出景观基础设施的基本原则和策略，并结合其主要的类型和具体实践案例分析探索多种创新设计的可能性，鼓励在实践过程中对景观基础设施的内容进行不断的延伸和发展。这些使得本书具有非常重要的时代意义，有助于处理当今我们所面临的愈发复杂的城市问题。

❶ 阿杜·阿基诺. 序言[J]. 风景园林特刊, 2009, (3): 3.

目 录

第 1 章

基础设施的重新定位

图 1-1 现代城市基础设施（来源：http://www.aquafornia.com）

❶ http://baike.baidu.com/view/211721.htm [2010-5]。

❷ http://www.merriam-webster.com/dictionary/infrastructure[2010-5]。

❸ http://en.wikipedia.org/wiki/Infrastructure#.22Hard.22_versus_.22soft.22_infrastructure [2010-3]。

❹ http://baike.baidu.com/view/211721.htm [2010-5]。

伴随着19世纪工业革命的爆发，现代城市基础设施开始出现，并逐渐成为城市生存和发展的基础服务骨架（图1-1）。

基础设施主要是指为社会生产和居民生活提供公共服务的物质工程设施，是用于保证国家或地区社会经济活动正常进行的公共服务系统❶，是一种具有支撑结构性的或隐含于内部的维持社区和国家持续、健康运行和发展的根本性基础❷。

城市基础设施是一个系统工程，辐射范围比较广泛，通常会超越行政边界的限定。从基础设施的服务功能来看，它主要包括六大系统，即能源供应系统、供水排水系统、交通运输系统、邮电通信系统、环保环卫系统、防卫防灾安全系统❸。这些都是城市最核心的基础设施系统，但实际上它也在随着城市的发展和新增需求而不断得到扩充。

从其自身属性来看，基础设施主要可以分为两类：一类主要参与城市生产和流动活动，如公路、铁路、给水排水设施等，即工程性基础设施（physical infrastructure）；另一类是从事社会公共保障活动的基础设施，包括教育、科技、文化、体育、医疗卫生等，叫作社会性基础设施（social infrastructure）❹。本书主要针对工程性基础设施进行探讨。

1.1　基础设施的发展历程

基础设施在人类社会的发展过程中发挥了举足轻重的作用，其自身也随着社会的发展和生产力水平的提高而处于不断发展变化的过程之中。依据早期城市的出现和现代工业革命这两个重要时间点，基础设施的发展过程主要可以划分为基础设施雏形、早期基础设施和现代基础设施三个阶段。由于每个时期的时代背景不同，基础设施在其特征、种类、规模和环境影响等方面也存在着巨大差异。

1.1.1　自然作为生存基础（早期城市出现以前）

在早期的人类聚居区域，由于生产力水平低下，人类的生存主要依赖自然环境，过着以采集天然动植物、农业耕作、渔牧业等为主的生活方式。最早使自然物质环境更适于人类居住的方法是建造简单的遮蔽物，种庄稼，养牲畜，把聚居地安排在靠近食物、燃料和水源的地方[1]，所以早期人类居民点大多分布在靠近河流、湖泊的向阳河岸台地上[2]。此时，人类主要是适应和利用自然环境，改造自然环境的能力还很有限。

在这个时期，严格意义上的基础设施还没有出现，自然是最重要的"基础设施"。人类社会作为自然的一部分，整体的生存能力和生活条件都很差，只是通过自然来维持人类的基本生活。人类与自然之间建立了最直接的物质能量输入和输出联系，满足人类最基本的生活和生产需要。自然是人类赖以生存的基础，人类对自然的依赖程度较高，通过主动地适应自然来获取生存所需要的基本物质和能源。

早期人类聚居点的规模都比较小，对周边自然环境的影响并不明显，而且这种影响很容易就被自然生态系统的调节能力所消除。

1.1.2　早期基础设施萌芽（古代城市出现以后至工业革命以前）

随着生产力水平的提高，人口不断增多，社会分工日益明显，人类社会逐渐进入了古代城市的发展阶段。在这个时期，人类对自然的改造能力有所增强，已经开始为了满足城市发展和人类自身需要，有意识地对自然进行适当的干预，城市里逐渐产生了早期的基础设施。此时的基础设施主要建立在当时的技术条件和自然功能的基础上，一方面要利用自然进行城市建设和发展，另一方面要控制自然对城市的灾害影响。受到当时技术条件的限制，人们主要采用顺应地域自然条件的途径建设基础设施，更注重表达城市与自然的关系。一部分城市甚至依托传统智慧实现了与自然的紧密融合，创造了古代人居环境的典范。在中国古代的苏州和意大利的威尼斯都能够看到这种城市建设的非凡之处——水与城市实现了巧妙的融合，形成了具有城市水上交通、给水、排水、防洪和生态绿带等一系列复合功能的基础设施（图1-2）。

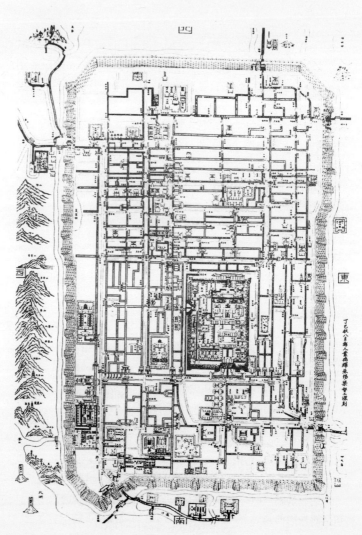

图1-2 平江图——水陆双棋盘格局（来源：http://tieba.baidu.com/p/458466164）

这些并不是单纯的巧合，而是以城市的自然环境为基础，通过一系列适应本地环境的大胆革新所取得的成果[3]。

在本阶段，城市基础设施的种类有所扩展，除了满足最基本的生活需求以外，也产生了满足城市防御、生产和一部分文化功能的城市基础设施，涉及交通、给水、排水、城墙等方面，但总体来说，基础设施的种类还相对较少。

古代城市的规模通常不大。虽然城市对自然的影响有所增加，但城市的建设利用了大量传统的自然生存智慧，更多地追求一种在空间和功能上与自然的平衡。自然系统仍然占据城市的主导地位，可以发挥显著的城市承载能力。

1.1.3　现代基础设施演变（工业革命以后）

工业革命是人类历史发展的里程碑，实现了生产力的飞跃式发展，直接促使了现代城市的产生。此时，城市人口迅速增加，工业飞速发展，城市规模不断扩大，城市布局也发生了显著地改变，人类对环境的影响和改造能力发生了翻天覆地的变化。城市已经成为一个庞大的人工环境，其中的自然循环方式被彻底改变，需要建立一套适应城市环境和功能需求的人工控制系统，进行物质和能源的交换。基础设施由此诞生，成为推动现代城市发展的杠杆，城市与自然的亲密关系也开始随之减弱。从目前来看，基础设施带来了城市人口的激增和财富爆炸式的增长，但也逐渐产生了一系列的城市问题，是一把影响现代城市持续发展的双刃剑。

在这一时期，基础设施的种类显著增多，极大地改善了城市居民的生活品质，为人类提供了一种全新的现代城市生产、生活方式。在发展初期，基础设施更多的力量还是用以促进工业生产，产生了包括现代公路、铁路、输电、输油等在内的基础设施系统。但是，随着城市工业化的不断发展，环境问题也日益显著，城市开始被严重的空气、水体污染和噪声所困扰，越来越多的城市居民健康也因此受到影响。此时，基础设施开始朝着减轻城市污染，改善城市居住环境和促进城市人口健康等方向发展，产生了包括污水净化、空气治理、固体废弃物处理等在内的一系列城市基础设施，城市环境开始逐渐有所改善。随后，城市与自然分离的困扰又开始逐渐显现。人们越来越多地关注如何在城市中引入自然生态系统的服务功能，开始在城市的范围内有意识地保护自然土地，完善自然空间结构，提出绿色基础设施、生态基础设施等新的城市基础设施类型。未来，随着城市服务需求的不断增加，基础设施的种类和规模也必然会处于不断发展和变化的过程中（表1-1）。

在现代城市的发展过程中，原来由郊野和自然包围的点状城市格局正逐渐向相反的方向转化[4]（图1-3）。在城市范围内，自然空间已经所剩无几，仅存的一点也已经被城市包围，分割成若干孤立的自然斑块。在当今的城市环境中，城市对自然的破坏已经非常明显，自然功能的发挥也受到了显著的抑制。尽管人类仍

美国现代城市基础设施的发展历程　　　　　　　　　　　表1-1

年代	增长的主要议题	基础设施的对应解决方法
19世纪中期至晚期	公共健康和福利	卫生设施、医院、公园、学校
	通信	电话
	工业化	规划的社区、企业生活区
	能源	煤炭、石油、天然气、电力
	交通	运河、铁路
20世纪早期	汽车	公路
	食物生产（dust bowl）	农作物轮作、农业实践
	通信	公路、电话
20世纪中期	能源	水能、核能
	公害	社区区划和规划
	污染	空气、水、污水治理
	交通	州际系统、小型民用机场
	大规模通信	电视
20世纪晚期	固体废弃物	垃圾回收
	交通拥堵	大规模运输、可选择的交通方式
	雨洪	暴雨管理、滞留
	信息管理	计算机、互联网
2000年至今	都市区蔓延，全球化	充分的土地利用、精明增长
	可持续发展	绿色基础设施

来源：马克·A·贝内迪克特，爱德华·T·麦克马洪，《绿色基础设施——连接景观和社区》。

然在不断开发先进的现代基础设施技术，期望能够解决当今城市面临的困境，但往往需要付出高昂的代价，正如芒福德（Lewis Mumford）提到的："当今对土地和城市的重塑还停留在萌芽阶段：仅仅是孤立的技术阶段，比如发电所或者高速路，人们已经切实感受到了新兴的赋予创造力的景象的冲击与涤荡[5]。"

1.2　基础设施所面临的主要问题

1.2.1　"机器模式"的基础设施

在现代技术的推动下，城市基础设施已经成为"一部实用的机器"。整个系统由众多的"基础设施零件"组合而成。这些"零件"具有局部固有的稳定性，通过叠加的方式在城市中不断复制以满足不断扩大的城市功能需求，依靠建立一种机械联系来构成整个城市复杂的运行支撑系统。

在"机器模式"的影响下，整个现代基础设施已经成为一种功能单一、规模庞大的"冷漠"工程构筑物。机器模式的最大好处是采用标准化的设计形式，就像工业产品一样，当在一定的技术条件下被设计出来后，就会在一定时期内被批量化地在城市中复制，可以方便地为其连接新的组成部分，从而达到扩充城市基础设施规模的目的，以满足快速发展的现代城市建设需求。这种使用通常遵循一种简单化的途径，而不会考虑复杂城市条件的差别，使其非常适用于工业革命时期需要快速发展的现代工业城市，尤其对于诸如临时的，必须快速建成的，或有单纯使用目的的场地往往是非常"高效"的（图1-4）。但是，现代城市的发展是难以控制的，多元性和复杂性特征是城市发展不可阻挡的趋势。由于现代基础设施对城市功能的复杂有机性缺乏考虑，在解决城市问题时通常采用过于简单、孤立化的思考方式，也被批评为"通过几个简单的布局原则和控制手段就可以迅速处理那些新的城市问题，单纯满足城市快速化发展建设的需要，而不怕带来其他更加严重的后果"[6]。

长期以来，工程师是基础设施设计和建造的主要力量，因此，"机器模式"目前仍然是基础设施遵循的主要理念。这些基础设施通常注重技术革新，追求采用先进技术来解决城市问题，但遗憾的是很少能够采用具有创造力的设计形式，缺乏对基础设施功能效率、环境影响、社会公共使用等方面的综合考虑，没有能够充分发挥基础设施在空间和功能方面的更大潜力。这也是现代城市基础设施目前所面临的最根本问题。

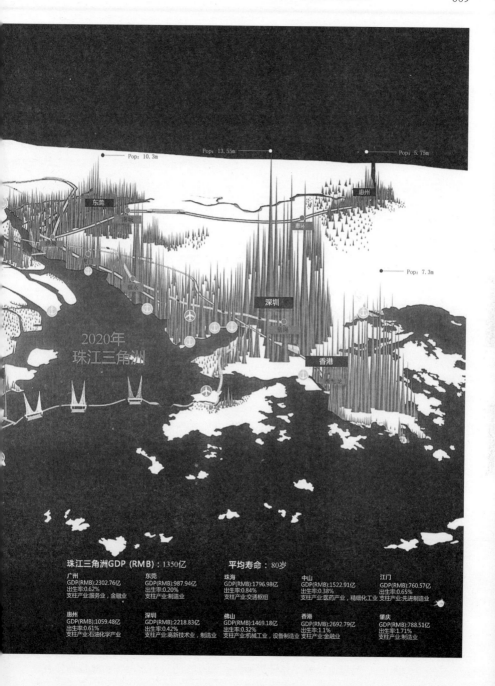

Pop: 10.3m

Pop: 13.55m

Pop: 5.75m

Pop: 7.3m

东莞

惠州

惠环

深圳

2020年
珠江三角洲

香港

珠江三角洲GDP (RMB)：1350亿　　　　**平均寿命：80岁**

广州
GDP(RMB):2302.76亿
出生率:0.62%
支柱产业:服务业，金融业

东莞
GDP(RMB):987.94亿
出生率:0.20%
支柱产业:制造业

珠海
GDP(RMB):1796.98亿
出生率:0.84%
支柱产业:交通枢纽

中山
GDP(RMB):1522.91亿
出生率:0.38%
支柱产业:医药产业，精细化工业

江门
GDP(RMB):760.57亿
出生率:0.65%
支柱产业:先进制造业

惠州
GDP(RMB):1059.48亿
出生率:0.61%
支柱产业:石油化学产业

深圳
GDP(RMB):2218.83亿
出生率:0.42%
支柱产业:高新技术业，制造业

佛山
GDP(RMB):1469.18亿
出生率:0.32%
支柱产业:机械工业，设备制造业

香港
GDP(RMB):2692.79亿
出生率:1.1%
支柱产业:金融业

肇庆
GDP(RMB):788.51亿
出生率:1.71%
支柱产业:制造业

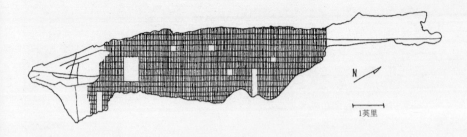

N

1英里

1.2.2　基础设施成为人类抵抗和控制自然的工具

经历工业时代和科技革命的飞速发展，现代基础设施已经取得了显著进步。但是这种强大的技术力量在增强人类改造自然能力的同时，也使人类从对自然的尊重逐渐转向开始拥有征服自然的强大野心，丧失了长期与自然和谐相处的生存智慧。在认为自然拥有取之不竭的资源，并忽视自然系统功能脆弱性的情况下，人类已经习惯了从自然中索取，认为自然向城市提供物质、能源是理所当然的事情；对自然的改造也已经司空见惯，依靠强大的科技力量，过去难以想象的工程都可以变成现实；同样也在肆无忌惮地将城市废物直接排向自然环境，相信自然能够帮我们处理所有的问题[7]。

从某种意义上讲，现代基础设施是城市中与自然联系最为紧密的组成部分之一。许多基础设施作为城市与自然环境的联系纽带，肩负着向城市输入自然物质能源和处理、输出城市代谢废物的功能。基础设施很多时候掩盖了人类对自然环境的恶劣影响，使我们完全忽视了当今城市生态的脆弱，而生活在盲目的乐观之中。

目前，许多现代基础设施已逐渐沦为人类控制和抵抗自然的工具，使城市与自然的亲密关系不断消失。人类在利用基础设施保证城市工业、经济发展的过程中，通常会过度依赖和信任强大的技术力量，而完全忽视城市气候、水文、地质等复杂的自然地域条件，致使基础设施的地域适应性完全丧失。从生态角度来看，现代基础设施正在利用现代技术降低甚至遏制自然生态功能的有效发挥。在太湖沿岸的新城建设中，大量湖泊湿地和滩涂被填埋用作城市建设用地。区域原有的密集水网在新城规划中被改造为混凝土河渠，并通过水闸切断了与太湖之间的联系，为了避免洪水对新城造成影响，沿湖按照防洪要求修筑了大量硬化堤坝。
在这个过程中，太湖的自然河岸和滨湖生态系统被完全破坏，水体
的生态弹性彻底消失，相关环境问题也逐渐凸显（图1-5）。

　　这种方式不应当成为基础设施建设的唯一选择。我们需要认识
到自然界是无数种生态力量非常复杂而又微妙地追求平衡的结果。
人类作为自然的一部分，具备在一定程度上控制这些环境因素的能力，
但是自然界和城市间的作用是动态的，具有极大的不确定性[8]。这
种过度的控制常常会令我们消耗大量的资源，却收效甚微，有时甚
至会造成严重的后果。基础设施不是我们征服自然的手段，而应当
成为自然在城市中更好地发挥功能的保障（图1-6）。

图 1-5 隔绝自然的硬
质化城市河堤

图 1-6 与自然协调
的都江堰水利工程
（来源：http:// www.
nipic.com）

1.2.3 超负荷运转的基础设施和潜在的灾害风险

伴随着城市规模的不断扩大和区域都市群的出现，为了满足现代城市化需求，机械模式的基础设施网络迅速扩张，极大地增加了整个基础设施系统的功能负荷。而且，随着城市功能的不断增强以及城市居民对生活品质要求的提升，单位面积的基础设施功能负荷也将不断加大。受到全球气候变化的影响，城市极端气候情况也将会出现得更加频繁和猛烈，许多沿海城市还需要应对海平面上升的问题。这些影响因素都对现有城市基础设施的能力提出更高的要求，而且已经产生了一系列迫切需要解决的城市问题（图1-7）。

图1-7 广州城市暴雨后造成的交通瘫痪（来源：http://gd.people.com.cn）

　　所谓"城市病"，很大部分可以归因于城市基础设施落后，难以满足城市工业和人口发展的需要，从而表现出交通拥堵、供水不足、排水不畅、用电紧张、污染严重等一系列的城市病症[9]。目前，世界绝大部分的城市都存在基础设施能力不足的问题。在美国土木工程师协会（American Society of Civil Engineers）公布的一份关于2009年美国基础设施的效能评价结果（*Report Card for America's Infrastructure*）中显示：美国城市基础设施平均只能拿到D的标准。D表明美国65%的基础设施（包括道路、铁路、州际公路、航空运输、桥梁、水路运输、能源、堤坝、供水、废弃物处理、水库、停车场和学校）只是基本符合功能和安全要求的最低标准❶。中国所面临的问题也同样严峻，而且该问题将会随着我国城市化进程的不断深入而愈加明显，并有可能造成更加严重的灾难性后果。

❶ http://www.infrastructurereportcard.org/〔2010-10〕。

　　目前这种"机械式"、"集中式"的基础设施模式，其能力的提升主要通过数量增多、技术更新和标准提高这三种方式来实现。为了扩大基础设施的服务范围和能力，城市可以修建更多的基础设施，但是单纯的系统叠加虽然能够增加总体的服务能力，却会影响整个系统的服务效率，运营、维护和管理所需的费用也会呈现几何式的增长。通过技术更新能够引导基础设施变革，显著提升基础设施能力，但需要警惕的是，技术更新的目的应当是能够产生更加经济、环保、实用的基础设施，而不是对高成本技术的盲目追求，进入从"生态危机"到"高技术危机"的误区。当基础设施难以满足要求时，通常会对设计标准进行提高：水位升高就增加防洪标准，提高堤防的高度；降雨量增大就扩大排水标准，修建更粗的排水管道，等等。这样做不仅会大量地增加基础设施的投入，更是在加大整个基础设施系统的负担，从长远来看反而有可能会使危机更加显著和难以控制。

1.2.4　单一功能目标的基础设施利用形式

　　在基础设施建设的过程中，无论是城市建设决策者，还是工程设计和技术人员，通常都习惯于孤立地看待基础设施所要解决的城市问题，重视单一的目标，进而设计功能单一的基础设施。所遵循的设计原则是要求基础设施在某一时间段内高效地完成某一特定任务，但不能保证其在城市中提供更加连续和多元的使用效益[10]。

受到现代主义功能分区模式的影响，基础设施具有显著的功能"排他性"，所承载的主要功能通常以一种强势的姿态排斥其他弱势功能，甚至以破坏其他功能为代价，导致其向单一功能的趋势恶性发展。从目前来看，这种基础设施模式可以被认为是一种"从危机到危机" ❶的解决问题的方式。

❶ http://m.ammoth.us/ blog/2010/04/reading-the-infrastructural-city-chapter-one-index/。

在现代城市基础设施的发展过程中，我们还可以普遍看到的一个现象就是基础设施的"福特主义"倾向非常显著，即在不断地追求高标准的技术化模式的同时，其本身也正在变得越来越标准化。这种模式使基础设施可以很好地满足城市快速扩张的需求，但也创造了大量冷漠、低效的城市"失落空间"。大部分的道路都以满足机动车的通行要求为主要目标；大量城市河道被截弯取直和工程硬化，以满足城市防洪的单一功能要求，而忽略了其还应具有的生态、社会、美学等方面的要求[11]。这些功能单一的基础设施建设通常会形成对城市空间和社会结构产生破坏性影响的城市真空边缘带，并随之造成一系列难以挽回的环境和经济损失。

通过研究美国洛杉矶河的发展过程，能够很清楚地看到，孕育人类文明的河流是如何转化为只为防洪目的而修建的城市基础设施。追溯到印第安人时代的早期，从人类在这里定居开始，洛杉矶河流域就成为居民生存和发展的依靠。但是，在1934年和1938年发生两次灾难性洪水过后，美国陆军工程兵团就被委派去"治理洛杉矶河"，使城市免于遭受洪水的侵袭。陆军工程兵团采用了当时被认为是最可行的技术来修建城市防洪基础设施，最终花费50亿美元的资金修建了一条6.4km长的混凝土渠道（图1-8）。这项基础设施工程虽然在一定时期内解决了城市的洪水问题，但

图1-8 美国洛杉矶河工程（来源：乔治·哈格里夫斯，《洛杉矶河专题设计——哈佛大学设计研究生院景观设计实例》）
（a）整体鸟瞰
（b）混凝土渠道

(a)　　　　　　　　(b)

也将原有的自然河道和栖息地彻底毁坏，使一条充满生机的河流变成了死气沉沉的灰褐色混凝土渠道，而且每年仍然需要巨额的投入来对它进行维护，其所造成的环境和经济损失更是无法统计。多年以后，洛杉矶河已经成为城市的疮疤，沿线分布着工厂企业和大量的贫民窟，被当作洛杉矶"耻辱的笑话"[12]。在今天，越来越多的人开始意识到先前建设的错误，一场复兴洛杉矶河的运动正在迅速上演（图1-9）。但遗憾的是，在中国甚至全世界，目前仍然可以看到大量与之相似的基础设施工程正在兴建。

图1-9　美国洛杉矶河的复兴规划（来源：https://asla.org/2009awards/images/largescale/064_06.jpg）
（a）现状
（b）近期改造
（c）远期恢复

1.2.5　基础设施产生大量附属的城市荒废空间

盲目扩张似乎已经成为现代城市化建设的通病。我们通常会抱怨城市空间有限，城市内部的绿地正在不断地被建筑和道路所侵占，很难找到能够建设城市公园的空地。但通过对北京城市的调查可以发现，其实城市中存在着大量缺乏关注和没有被赋予功能的城市"失落空间"。这些"失落空间"[13]当中有相当一部分产生的原因与城市基础设施密切相关。基础设施用地由于在空间和时间层面上都没有得到合理、高效的利用，因而产生了大量附属的城市未充分利用的土地（图1-10）。城市高架道路和立体轨道交通的下层空间，城市快速路沿线的土地，城市立交桥内的大型绿地，铁路沿线无人维护和使用的土地等城市空间都具有非常大的再利用潜力。

有些基础设施是按照最高使用要求的标准而进行设计的，只有

在很少的时间内才需要发挥最大的效能，大部分的时间都处于闲置
状态，造成了城市空间的巨大浪费。如，停车场在非高峰时段则空
间过剩，城市河道、泄洪渠、堤坝在非汛期也没有发挥任何作用。

还有一部分基础设施随着社会的发展而被逐渐淘汰，包括废弃
的城市铁路、码头、工业设施、填满被封闭的垃圾填埋场、河流湖泊
疏浚后的淤泥堆积场等都成为大量的存在环境风险的城市荒废空间。

这些城市荒废空间分布在城市的各个角落，尽管它们中大部
分地块的面积都不是很大，但累加之后却可以产生面积相当惊人
的可利用空间。加州大学伯克利分校的尼古拉斯教授（Nicholas
de Monchaux）利用GIS（地理信息系统）技术对纽约城市未利用空
间进行了系统的数据分析，通过研究表明纽约所拥有的荒废土地
面积相当于纽约中央公园（Central Park）和展望公园（Prospect
Park）面积的总和（图1-11）。这些空间在现有城市建成区中显得
尤其宝贵，是城市中巨大的未开发利用的空间资源，对它们的再
利用可以有效地改善城市的环境品质。

城市本身具有不断复杂化的趋势，可以通过设计有意识地将
闲置的基础设施空间转化为一种具有使用功能和社会活力的城
市公共空间。这些失活的城市基础设施空间尽管存在诸多的不安
全因素，但作为一种非正式的可挖掘的城市空间，其已经逐渐被
社会发现并开始被自发地使用。在北京，泄洪渠夏天可以用来游
泳，冬天可以用来滑冰；地下通道也已经成为自发的集市和无家
可归者的庇护场所。

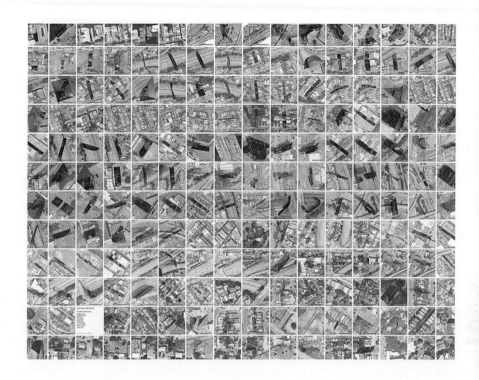

1.2.6 基础设施使城市肌理趋于破碎化

城市基础设施在发展的过程中已经产生了造成城市割裂的问题。这种割裂既包括空间联系层面的隔离，也包括社会功能层面的分离。基础设施正在将城市分割成一个个孤立的区域，使城市趋于破碎化。

在空间层面上，现代城市基础设施正在以超乎想象的速度不断地扩大它的规模。这种具有夸张尺度和冷峻面孔的基础设施对城市形态的整体连续性造成了极大的破坏——城市因铁路和公路的无情延伸而被割裂、被工厂的围墙圈起或因缺乏花园和绿地而使许多城市区域衰败为城市的碎片[14]。许多基础设施限制了城市居民的进入和穿越，已经成为难以跨越的城市鸿沟，城市空间的联系也因此被阻断（图1-12）。

被分割的城市片区与基础设施之间缺乏空间和功能的融合，使得交接区域已经成为一种城市的"交界真空带"[15]。这些"真空带"一般会成为城市中肌理缺失、环境嘈杂、秩序混乱的区域。

许多基础设施由于自身潜在的危险性、产生污染、释放不良

图 1-11 纽约城市基础设施荒废空间分析（来源：http://wpa2.aud.ucla.edu）

图 1-12 割断城市
联系的快速路（来
源：Term Definition
Identity, *TOPOS*,
2010 年第 71 期）

气味、产生噪声等原因，从而成为城市居民最不愿接近的地方。像城市铁路、高压输电网、污水处理厂、垃圾填埋场等重要的城市基础设施都会对环境和居民的生活健康产生很大的影响，逐渐成为与城市相隔离的区域。

在社会层面，现代基础设施已经成为社会功能的绝缘体，正在逐渐远离人们的生活。从北京胡同和上海里弄的发展过程中我们可以清楚地看到这个现象。在过去，胡同和里弄是人们日常生活和交往的舞台，小孩可以在街上玩耍，年长的人可以坐在自家门口的树荫下纳凉喝茶，三五成群的中年人坐在一起聊天、下棋，每个人都能在这里自得其乐。但现在这种场景已经很难看到，许多宽敞一点的胡同和里弄已经被大大小小的汽车占据，变成了机动车道或停车场，它们所承载的社会功能正在逐渐消失。

1.3　基础设施未来发展趋势的探讨

首先有必要提出一系列问题：当今的城市应当如何定义？基础设施在城市中应当占据什么样的地位？如何建立一种依托基础

设施的城市发展方式？对于这些问题的解答将有助于我们形成一个思考城市基础设施的新的视角，并对基础设施在城市中应当发挥的作用进行重新定位。

1.3.1　从建筑城市向基础设施城市范式的转变

1. 建筑的城市范式

建筑是构成城市的基本结构单元。建筑体块形成了城市的实体部分，建筑所围合的空间则构成城市的虚体部分，众多建筑单体的集合组成了整个城市，形成了城市的空间和特征[16]。因此，现代城市通常被理解为是建筑的延伸或放大，从而形成一种主要依托物质空间形态的城市认识论。

在整个城市范围内，对建筑实体及其所围合的空间虚体占地面积比例关系的研究成为城市规划中需要重点考虑的部分，并形成了分析城市空间的"图-底理论"（图1-13）。"图-底理论"的目的就是通过增加、减少或改变空间几何形式的组合方式，建立一种空间秩序来明确一个城市或片区的空间结构[17]。建筑实体所形成的体块成为城市空间结构和秩序的决定者，并代表了城市的空间格局和肌理。尽管在"图-底"分析中也能够看到城市街道和建筑之间所形成的网格关系，但只是作为一种建筑附属的虚空间，单纯地追求与建筑在结构和空间比例上的静态平衡，而对它自身特征的关注往往很少。

通常由于对城市建筑的过度关注，会使建筑实体和空间虚体之间的平衡受到严重影响，甚至产生分离。从沿用至今的经典城市规划理论中可以看到，干净、整齐、靓丽的现代城市，被仅仅作为功能性空间——均质而不连续的单元进行设计。由于漠视与

图1-13 古罗马城市地图（来源：罗杰·特兰西克，《寻找失落空间——城市设计的理论》）

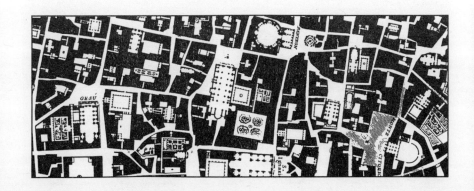

周边环境的关系，城市的梦想被转变为高耸的一排排独立的技术建筑物的简单代数相加，使得整个世界充斥着充满惰性的城市建筑碎片[18]。从某种意义上讲，建筑的城市范式更加关注城市表面物理空间的形式和比例，而忽视了将城市看作一个更深层次的动态功能系统和一个需要不断加强联系的功能整体进行研究，而这种动态性和整体性正是现代城市所具有的典型特征，是处理当今城市问题的一个重要落脚点。

2. 基础设施的城市范式

在城市这样一个高度人工化的环境中，基础设施是维持城市正常运转的基本支撑系统。与城市建筑相比，目前大部分基础设施在城市中都被尽量隐藏，被埋在地下或者安排在相对边缘的区域，它们所占据的可见面积和受关注程度要远比建筑小得多。但从城市功能的角度考虑，如果将城市看作一个活的有机体，基础设施就是维持城市生命的血脉。基础设施是一个城市的幕后英雄，在维持城市生存和发展方面具有比建筑更重要的地位。可以确定地说，层叠的基础设施网络控制着现代城市的整个格局。现代城市更应当被看作是一个基础设施的城市（图1-14）。

图1-14 现代城市基础设施网络（来源: Kelly Shannon, Marchel Smets, *The Landscape of Contemporary Infrastructure*）

基础设施是保持城市整体性的基础。日本建筑师桢文彦（Fumihiko Maki）在他的重要著作《集合形态的调查研究》（*Investigations in Collective Form*）中曾经对城市的连接性作了详细的论述，认为"连接就是城市的凝聚力，以组织城市各种活

动，进而创造城市的空间形态"，并提出城市规划应当关心的问题就是在孤立的事物间建立一种可以理解的联系，也就是通过连接城市的各部分来创造出一个更易于理解的城市整体[19]。而基础设施是实现城市连接性的得天独厚的资源和载体。它已经渗透到城市的每一个角落，是建立城市内各部分联系，城市和周围环境联系以及城市间联系的纽带，是城市中最稳定持久和清晰明确的网络。

基础设施是城市发展的决定性力量。现代城市包括多个层面彼此独立的基础设施系统，每一个层面的基础设施都由大量的基础设施点和线组成，这些层面最终叠加并在彼此间建立联系，形成了城市的基础设施网络，这个基础设施网络再将城市的其他要素包括建筑、空间等连接起来，形成一个复杂的城市综合体。因此，城市可以看成是依托基础设施网络而逐渐成长起来的。从这个意义上讲，城市更应当被看成是一个相互联系的系统而不单单是空间实体的组合，城市中基础设施所具有的生产服务和连接传导的功能和效率比城市建筑所形成的空间形式更加重要。现代基础设施的结构、数量、形态，已经延伸为城市发展的功能结构、空间布局和自我调节的导向性因素，许多在城市发展过程中遇到的问题最后都需要通过对基础设施的改善才能得到根本的解决[20]。

现代城市是一个有着复杂结构和多元功能的系统，从"建筑城市范式"向"基础设施城市范式"的转变，是一种从静态向动态，从二元到多元，从孤立到联系的转变，能够帮助我们更好地理解城市的动态复杂性，关注城市基础设施的潜力和在未来城市中应当发挥的作用。从基础设施的角度来重新审视城市，可以为我们提供一个管理城市动态过程、实现城市可持续发展的全新视角。

1.3.2　重新定位现代城市基础设施

基础设施来自于英语"infrastructure"，它是由拉丁语的"infra（在下面）"和"structure（结构）"组成的合成词。从词语结构上来看，基础设施是城市的基础结构，但在本质上也暗含了一种隐藏的特征。也许是因为这个原因，使得我们长期以来对基础设施的研究主要集中在它所承载的核心功能，而忽视了对基础设施其他方面的关注。

现在的城市基础设施正处在危机中，造成危机的原因不仅是因为它们本身结构的陈旧，同时也是因为我们对其设计态度的保守，认为它们不需要被设计而只需要被隐藏和掩饰。基础设施已经成为一种脱离了大众，也被忽视了美学和环境的设计。我们在建设基础设施的同时，也创造了一种抛弃美丽，不关心生命和忽视生活质量的城市空间。对于设计质量和环境健康关心的不足也加速了这种片面的基础设施策略的蔓延[21]。尽管城市的健康运转和发展需要依靠大量的城市基础设施，但实际上城市和基础设施已经分离，从这个角度来看，基础设施已经成为与城市的功能、生态以及设计等方面相隔离的主要因素[22]。

20世纪中期芒福德在他的著作中提到："我们的网络城市将越来越明显地被不可见的世界（the unseen world）（能源网络、物质供给、资本等）所主宰[23]。"随着资源不足、气候变化、环境危机、城市化扩张等问题的日益严峻，现代城市正在经历一次重大的变革。现在，这个"不可见的网络"对城市结构的控制力量将比以往任何时候都强大，城市必然会以新的形态与诸如水循环、能源供给、食物生产、废弃物管理等城市生产、循环和消费系统建立更加紧密的联系。在这种背景下，基础设施也必然会具有新的特征。

因此，基础设施的建设不应当局限于目前已经形成的既定标准，而应当超越单纯工程设施的界限，作为一种未被完全开发的资源进行重新定位，以适应新时代城市发展的需要，在生态、经济、文化和社会层面发挥更强大的功能。基础设施建设将成为一种城市再生发展的媒介，基础设施空间将成为一种复合城市功能的载体。

值得一提的是，现代景观基础设施思想为基础设施的重新定位提供了一种独特的视角、思考方式和设计手段，可以成为未来城市基础设施发展的重要方向之一。

第 2 章

景观基础设施的
相关理论实践

2.1　景观与基础设施工程结合的早期探索

2.1.1　杭州西湖工程

杭州西湖应当是世界大城市中最早建立的一个自然环境与人工工程相结合的城市公共园林[1]（图2-1）。纵观西湖的历史演变过程，它的前身是一个海湾，随着地壳的不断演变成为一个潟湖，之后逐渐转化成一个普通内陆湖，并最终在自然和人的共同作用下成为一个具有城市服务功能的湖泊景观，发展为与杭州城市唇齿相依的整体（图2-2）。在这里，风景园林不仅被认为是一种创造优美环境的手法，更是一种重要的城市生存策略。西湖建设的初衷就是为了满足城市防洪蓄水、饮用水供给和农业生产灌溉等基础服务功能，并且从一开始，就试图创造一个优美而富有文化的园林景观[2]。

西湖因其"湖界直接山脚，沿湖诸山之水，畅流入湖而无所壅遏[3]"，从而形成地理上的集水优势，使湖水不仅满足城市居民日常饮水的需要，也是杭州农业灌溉用水的主要来源；同时为了防治钱塘江潮水的冲刷而修筑海塘，使得海塘成为防洪设施保

图 2-1 古代西湖（来源：http://www.021h.com）

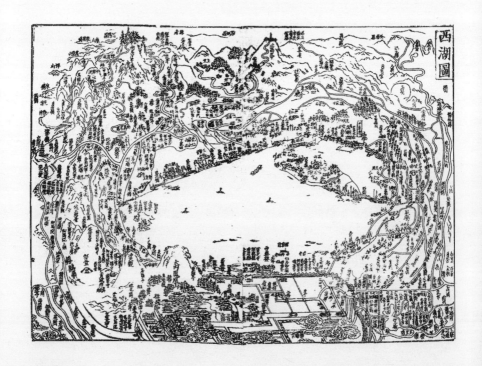

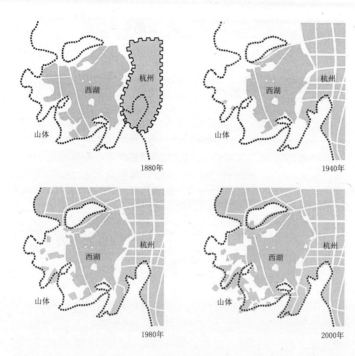

图 2-2 西湖的历史演
变（来源：北京多义
景观规划设计事务所）

护杭州城市免受水患影响。据史籍记载，杭州与西湖建立联系主
要可以追溯至唐朝，当时由于杭州城市规模不断扩大，使得城市
居民饮水和城市周边农业灌溉用水紧缺，于是唐朝刺史李泌修建
"六井"，通过竹管或瓦管从西湖向杭州城引水，解决城市的供水
问题（图2-3）。唐代白居易曾在《湖石记》中记载西湖的灌田之
利，"每放湖水一寸，可灌田十五顷；每一复时，可溉五十顷。若
蓄泄及时，则濒湖可无饥者[4]"。北宋以后，六井已经很难再满足
杭州城市的供水需求，因此杭州知州沈遘在六井的基础上增加了
一处供水量更大的"沈公井"来从西湖向杭州城市引水。苏轼在
向朝廷的奏章《乞开杭州西湖状》中也表示："唐李泌始引湖水作
六井，然后民足于水，邑日富，百万生聚待此而后食。今湖狭水
浅，六井渐坏，若二十年之后尽为葑田，则举城之人复饮咸苦，
势必耗散。"从这篇奏章中可以清晰地看到，西湖已经与杭州城市
融合为一个统一的整体，如果没有西湖，杭州城市将难以维系。
因此，苏轼对原有的西湖引水井进行修缮，并在杭州城市缺水区
域新增两处水井，进一步加强西湖与杭州城市的联系[5]。在历史
的演变过程中，西湖已经逐渐成为杭州城市得以生存和不断发展
的基础，成为早期城市基础设施的典范。

图2-3 唐代李泌引水纪念标志

　　由于西湖是一个城市内湖，湖水流动缓慢，大量的泥沙会沉积在湖底，湖泊沼泽化趋势非常明显。如果没有人工干预，西湖将逐渐被淤积填埋并最终消失。但是，因其对于杭州城市具有不可替代的基础设施作用，所以在历史上曾经人为对其进行过多次大规模疏浚，通过将淤泥进行合理的堆积利用，对西湖风景不断改造，并逐渐赋予其文化内涵，创造了大量著名的历史文化景点，并延续至今。唐代白居易利用疏浚淤泥修建了连接孤山的"白堤"；北宋苏轼结合西湖疏浚建造了贯通西湖南北向的"苏堤"；明朝杭州知府杨孟瑛仿效前人做法堆筑了"杨公堤"；著名湖中岛屿景点"阮公墩"也是利用西湖疏浚淤泥堆积而成的；此外，在新中国成立以后对西湖也进行过多次大规模的疏浚，形成了包括太子湾公园、江洋畈生态公园在内的一批重要的现代城市公园。每一次清淤疏浚工程都塑造了西湖新的空间结构，产生了具有时代特征的文化景点，成为人工工程与景观结合的典范。

　　今天，西湖极大地促进了周边城市的发展，与城市的关系也因此变得更加亲密[6]。可以说，西湖是中国早期充满智慧的景观基础设施实践的雏形，具有非常重要的启示意义（图2-4）。

2.1.2　美国波士顿公园系统

　　波士顿公园系统主要由美国著名的风景园林师奥姆斯特德（Frederick Law Olmsted，1822～1903年）设计完成。他是美国19

图 2-4 城市与自然共生——杭州西湖（来源：http://www.nipic.com）

世纪后期最著名的城市规划师和风景园林师，被誉为美国的"风景园林之父"，对美国乃至全世界的风景园林设计都产生非常重要的影响[7]。

　　奥姆斯特德的设计理念在很大程度上受到了英国乡村自然田园风景的启发，是自然风景式园林在美国的主要实践者。在工业革命以后城市生态环境日益恶化的背景下，他认为自然环境的引入是解决现代城市问题的一剂良药，可以运用公园绿地的形式把优美的自然景色和乡村田园风光重新引入城市，使居民能够很快进入自然环境之中，从而免受城市恶劣环境的影响。在设计中，奥姆斯特德尊重一切生命体所具有的特征，从场地环境的现状出发，对它们进行细致的保护和处理，从而尽可能保留和发挥场地原有的自然风貌，去除不利因素的影响，将人工环境与自然环境紧密地融合在一起[8]。奥姆斯特德的公园设计思想有着"使城市自然化"[9]的特点，不仅仅关注公园本身，更多的是关注整个城市的健康，他的很多公园作品就具有城市基础设施的功能，其中就包括著名的波士顿公园系统——翡翠项链（Emerald Necklace）（图2-5）。

　　整个波士顿公园系统包括波士顿公园（Boston Common）、公众花园（Public Garden）、联邦林荫路（Commonwealth Avenue）、查尔斯河滨公园（Charles Bank Park）、后湾沼泽（Back Bay Fens）、河道和奥姆斯特德公园（River way & Olmsted Park）、牙买加公园（Jamaica Park）、阿诺德植物园（Arnold Park）以及相

图 2-5 波士顿公园系统规划（来源：http://documents.stanford.edu/67/1399）

图 2-6 波士顿公园（来源：http://www.heaviestcorner.org）

连的公园道（Parkway）[10]，并与马德河（Mudd River）相连最终汇入查尔斯河（Charles River）[11]（图2-6）。

　　在波士顿公园系统的设计中，奥姆斯特德和他的学生恢复了自然的河流形态，并且保护和重建了河流滩涂、湿地。自由弯曲

(a)　　　　　　　　　　　　　　　(b)

的河流形态和河岸滩涂湿地也有效地减少了洪水对河岸的冲击（图2-7），发挥了非常显著的洪水缓冲作用。这一点已经在1968年的波士顿暴雨中得到印证。在暴雨过后，整个公园系统滞留了大量洪水，避免了由于查尔斯河水位的迅速上涨而造成的城市洪灾，并逐渐将这些洪水缓慢渗入地下或向外释放[12]，形成了一个高效的城市防洪景观基础设施系统。

图 2-7　查尔斯河的生态恢复（前后对比）（来源：Anne W.Spirn *The Granite Garden: Urban Nature and Human Design*）
（a）恢复前
（b）恢复后

与之相比，同样是对查尔斯河的洪水控制，美国陆军工程兵团也曾经对查尔斯河流域的防洪进行了调研，并经过分析后得出结论：一定要在查尔斯河的河口位置建造一座防洪大坝，才能有效地控制洪水，避免洪水在雨季淹没波士顿市区。根据工程规划，这座位于查尔斯河上游位置的水坝需要能够抵御30~40年一遇的洪水，才能确保整个波士顿城市的安全。在当时，建造这项工程的预算至少要达到1亿美元。但是，如果通过建立波士顿公园系统恢复自然湿地的手段解决波士顿的洪水问题，只需要政府出资将查尔斯河上游的自然流域土地购买下来，避免破坏性的开发，并对其中大约17个重点蓄洪河流、湿地区域进行严格保护，就可以有效地实现波士顿城市的防洪功能。根据估算这在当时只需要花费大约1000万美元，该笔花费仅占到修建防洪大坝工程预算的1/10，而且基本不需要维护，同时也将创造城市宝贵的自然空间[13]。

在整个波士顿公园系统中，奥姆斯特德还巧妙地规划了公园道系统（图2-8），将众多公园连接起来，并在公园和周边的城市、社区之间建立了便捷的空间和交通联系，实现了公园与城市的融合。整个公园道系统采用圆滑的曲线形式，穿梭在经过精心设计的优美园林环境之中，创造了最早的城市绿道。

综上所述，在波士顿公园系统的规划中，奥姆斯特德细致地处理了交通基础设施、防洪基础设施、城市排水工程、水质改善

图 2-8 波士顿公园道
（来源：http://picas-aweb.google.com）

工程、园林环境塑造以及城市规划之间的相互联系。通过将风景园林、城市规划与基础设施工程进行紧密的结合，催生了复杂的城市公共项目，使城市、自然和基础设施有机地融为一体[14]。

2.2 在城市尺度下景观研究的发展

2.2.1 在城市尺度下对景观功能的重新认识

现代景观的研究尺度已经从最初的私人庭院、花园等小型空间逐渐拓展到整个城市甚至更大的区域范围，发展为能够融合多种尺度的研究学科。正如SWA景观设计公司总裁凯文·杉立（Kevin Shanley）所说："风景园林师已经可以从多个方面，激发无尽的创造力，解决各种不同尺度的设计问题——从给花园的大门设计一个漂亮贴心的把手，到把一个崭新的城市融入上千平方公里的大自然之中[15]。"

现代城市正处于不断发展变化的过程之中，作为一个多功能的复合系统，城市越来越多地显现出复杂的动态性特征。从某种意义上讲，景观在描述当代城市的动态性方面具有一定的优势。由于景观在协调多尺度问题和在适用范围方面的巨大弹性，使其能够包容、协调和处理多种不同的城市因素，尽管这些不同因素（例如功能、经济、生态等）时常存在竞争的关系，但是景观有能力将它们糅合在一起，形成一个承载多元功能和价值的综合体[16]，可以与动态的城市系统更好地契合，作为解决城市问题的一种手段，推动城市的持续发展。

通过开展多学科的合作，景观已经具有在城市甚至更大的区域尺度下处理复杂问题的能力，并利用景观的手法和独特的视角提出创新性的城市解决方案。许多风景园林师已经开始从事与区域分析、规划事务、城市政治和战略相关的实践，而不仅仅是场地设计[17]。像荷兰West8和美国Field Operation等景观设计事务所长期以来致力于引导城市发展，而不是只专注于某块场地的设计，在他们最近的项目——多伦多中央滨水带（Toronto Central Waterfront）（图2-9）和深圳前海规划中都可以明显地看到景观引导城市发展的思想，已经产生了巨大的影响力。

随着理论和实践的深入发展，越来越多的研究者开始认为景观不只是一种城市的装饰手段，还可以作为一种未来城市干预的有效工具。景观与城市规划、建筑在处理城市问题的态度和方法上有着显著的不同。在城市或区域的尺度上，景观要求在多个层面开展工作，从地上的空气层一直延伸到地下的土壤层；并且在尺度的界定上，景观具有更加严格的要求和划分，对城市的每一块土地间的细微差别都要仔细甄别，并在设计中对这些现状条件给予充分的考虑。景观在处理城市问题时，不会把不同的城市区域等同对待，因为它们在土壤类型、水文条件、适宜生长的植物种类、与周围环境关系等方面都具有很大的不同，而是去努力发现每一片土地的特征，并在设计过程中将这些特色显现出来[18]。因此，景观可以紧紧抓住这种看待城市的独特视角，通过与城市规划和建筑的"三位一体"[19]的结合，更好地解决当今所面临的城市发展问题。

图2-9 多伦多中央滨水带（来源：West8景观规划设计事务所）

在这样的背景下，基础设施作为城市发展的关键因素，必然可以因为景观的介入而成为新的城市功能和空间载体，为未来城市发展带来新的机遇。

2.2.2　现代城市中景观实践领域的拓展

在传统的园林实践中，那些具有良好条件的城市开放区域通常被用作公园绿地，成为景观在城市范围内的主要实践场所。风景园林师通常也会更多地选择那些场地状况和周边环境都比较好的，具有良好造园基础的土地进行园林设计。这些具有良好园林潜质的地块使设计师不用过多考虑其他方面的限制因素，而可以更加"简单和随心所欲"地进行设计，创造形式优美的城市风景。

然而今天，面对工业化、快速城市化和全球气候变化所带来的诸多城市问题，景观对城市的价值已经超过了历史上的任何时期。它的重要意义已经不仅仅在于创造优美的景色，而在于它解决城市问题的能力和对城市发展可能产生的巨大促进作用。景观已经成为缓解现代城市问题的一种有效手段。与之前相比，当今的风景园林师在城市中所参与的项目更多的是为了修复城市中的问题区域，用景观的手段使这些区域重新焕发活力，推动城市再生，并最终实现城市整体的和谐发展[20]（图2-10）。

由此可见，景观设计的实践领域已经发生了显著的变化，尤其是在城市化已经高度发展的西方发达国家，从公园、绿地、广场逐渐拓展到整个城市的各个空间领域，自然资源和城市能源的保护与利用，城市与自然的协调发展等都纳入景观设计的研究范畴，并将景观设计关注的重心更多地转向了基础设施性、存在污染和被荒废的城市区域。那些被城市所抛弃的、被人类活动所破坏的、被认为毫无价值的工业废弃地、垃圾填埋场、硬化排洪渠、污水沟等区域已经为风景园林师的未来实践提供了广阔的空间[21]。

特别值得注意的是，现代基础设施所面临的问题已经引起了风景园林师的广泛关注，他们正在积极地采取行动。在荷兰著名的建筑评论家阿隆·班思奇（Aaron Betsky）为风景园林师凯瑟琳·古斯塔夫森（Kathryn Gustafson）的出版作品集《移动的地平线——凯瑟琳·古斯塔夫森及合伙人事务所的景观设计学》所作的序言中写道："景观的实践正在逐渐把城市或城市外围的基础设施融合进来，人工湿地、屋顶花园、新建的污水处理厂等占据了他们当今实践项目的很大一部分。在实用性考虑之外，风景园

图 2-10 杜伊斯堡风景公园（来源：王向荣，林箐，《西方现代景观设计的理论与实践》）

林师还渐渐意识到他们的作品本质上是存在于基础设施与创新景观交叉之中的，而非局限于一个围起来的花园里；风景园林师们也渐渐地以这样的思想去设计。这样做的理由是，景观作品应当是既实用又优美的，既实现园林功能也有教育意义，既是对生态环保的研究与开发，也是休闲娱乐的场所[22]。"

从这个意义上讲，占据大量城市空间的现代城市基础设施，由于其对周边环境的影响亟待改善以及需要重新回归城市生活的迫切需求，使它们为当今的景观实践创造了巨大的机遇，已经成为景观施展拳脚的重要舞台[23]。

2.3 基于生态主义思想和城市可持续发展的相关理论

面对不断出现的城市问题，设计结合自然、城市美化、生态城市、绿色基础设施、生态基础设施等主要设计思想被不断提出，并付诸实践。这些理论都针对当时迫切需要解决的城市和基础设施问题，在景观基础设施的理论发展过程中具有重要的研究和借鉴价值。

2.3.1　从麦克哈格的"设计结合自然"到现代景观生态设计的思想

景观生态规划理论和设计思想是景观基础设施研究的重要理论基础。

自20世纪60年代开始，现代工业高速发展带来了严重的环境污染，加上城市规模迅速扩张以及对生态影响的普遍忽视，致使城市环境迅速恶化，城市活力不断丧失。随着《寂静的春天》(Silient Spring)、《美国大城市的死与生》(The Death and Life of Great Amerrican Cities)等一批反思现代城市问题的书籍陆续出版，在西方社会引起了强烈的反响，引发了对现代城市生态环境问题的广泛关注。在这样的背景下，许多具有远见的风景园林师开始探讨改善城市环境质量和缓解城市问题的方法，逐渐开创了现代景观生态学和生态设计方法体系。

1969年，宾夕法尼亚大学景观教授伊恩·麦克哈格（Ian Mcharg）出版了现代景观里程碑式的著作《设计结合自然》(Design with Nature)，创新地运用生态学原理，从研究自然生态系统的特征出发，总结了顺应自然的城市生存发展战略，并提出了一整套与之相适应的工作方法。在书中，麦克哈格将景观作为一个受人类、生物和非生物要素共同影响的系统，首先对系统中的人、野生动植物、土壤、水文、气候、地质等因素进行单独层面的研究；并运用地图叠加技术，将多个层面的研究结果进行叠合分析，整合为场地景观规划的依据，开启了现代景观生态规划理论方法的先河（图2-11）。

在这以后，生态规划理论开始了飞速的发展。1986年著名生态学家理查德·福曼（Richard Forman）和米歇尔·葛德龙（Michel Godron）共同出版的《景观生态学》(Landscape Ecology)以及福曼在1995年完成的《土地嵌合——景观和区域生态》(Land Mosaics—The Ecology of Landscapes and Regions)著作中系统地阐述了生态格局的概念和连接模型，提出了景观生态格局的优化方法，强调其在环境中的过程发展控制和影响，并作为对麦克哈格单纯研究垂直叠加层次的"千层饼"模式的补充，加强了对水平生态过程的研究，逐渐完善了现代生态规划的理论[24]。

在现代生态规划理论中，对景观基础设施设计思想的影响主要归纳为三个方面：多层次的分析和设计方法；以清晰的模式处理动态过程和关系；强调空间和功能的连接性。首先，分层的思

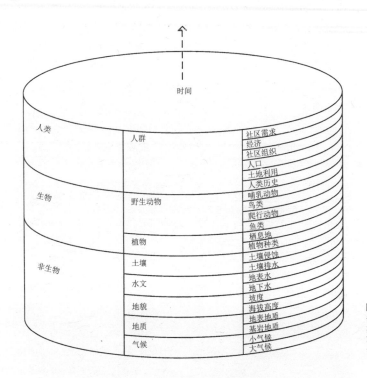

图 2-11　"千层饼"垂直叠加模式（来源：斯坦纳，《生命的景观：景观规划的生态学途径》）

想为解决多功能、复杂的基础设施系统问题提供了一种有效的方法。其次，生态学理论主张将基础设施作为一个动态的系统进行研究，运用生态学观点协调基础设施所蕴含的动态过程，并使其处于不断发展变化的过程之中。这也是景观基础设施的重要理论观点之一。此外，连通性是物质、能源、养分流动以及动物迁徙的基础。这种连通性不仅局限于空间上的，也应当是功能上的连通。

伴随着现代生态规划理论的发展，现代景观生态设计的实践也在不断进行，产生了包括西雅图煤气厂改造公园（Gas Works Park）、杜伊斯堡风景公园（Landscape Park Duisburg Nord）、阿姆斯特丹西瓦斯工厂文化公园（Culture park Westergasfabriek）（图2-12）等在内的一批著名的现代城市生态公园。这些生态景观设计实践都遵循生态主义理论的基本原则，顺应自然生态规律，进而提出适合场地的创造性设计。设计需要综合协调场地的自然条件状况，对气候、土壤、水、植物等场地自然资源进行合理使用，强调因地制宜的设计方法。同时，注重利用太阳能、风能等

图 2-12 阿姆斯特丹
西瓦斯工厂文化公园
（来源：简·阿密顿《移
动的地平线——凯瑟
琳·古斯塔夫森及合
伙人事务所的景观设
计学》）

可再生的清洁能源，并对场地物质循环进行管理，包括废弃材料
的再生和循环利用，区域雨水的收集管理和景观利用等。设计也
注重遵循对场地自然生态系统的保护和恢复，增强场地动植物种
类的多样性，尽可能地发挥自然的系统功能，形成具有稳定循环
过程的生态系统模式等多种设计原则[25]。景观基础设施首先应当
遵循生态设计的基本原则，然后可以广泛采用多种综合的生态设
计手段，并结合基础设施的特征进行具有针对性和创造性的设计
运用。

2.3.2　城市美化运动

工业革命实现了生产力水平的飞跃，带来了经济的高速发

展，现代城市的面貌也因此开始逐步形成。但是，在经历了资本主义工业化的城市快速发展后，现代城市产生了城市拥挤、居住条件恶劣、城市结构混乱、交通阻塞、环境恶化和居民生活质量下降等一系列问题。为了缓解这些城市问题，在欧洲和美国城市展开了规模浩大的城市美化运动。

　　美国的城市美化运动具有典型的代表性。奥姆斯特德是美国城市美化运动的代表性人物，他抱着改善城市环境和居民生活的理想，倡导美国国家公园系统（National Park）和城市内相互联系的公共开放空间网络的建设，并在纽约、芝加哥、底特律、旧金山、波士顿等城市开展了大量的城市公园规划设计项目实践，创建了包括纽约中央公园（图2-13）、波士顿公园系统在内的一批伟大的城市公园，并且许多公园都开始涉及城市基础设施的范畴。如前文所述，在被称作"翡翠项链"的波士顿公园系统规划中，奥姆斯特德就对城市道路基础设施、城市防洪和排水基础设施以及公园绿地等进行了整体考虑，形成了发挥基础设施功能的优美的城市景观[26]。

　　尽管城市美化运动被批评为对解决城市要害问题的帮助很小，只是一种为了满足城市虚荣心的装饰性的规划[27]，但在当时，这项运动还是明显提升了城市环境，在城市建设的初期，城市建成区蔓延以前，为美国城市留下了大量宝贵的自然开放空间，形成了城市绿地空间与建设区域共荣的城市形态典范[28]。尤

图 2-13 纽约中央公园（来源：http://www.sinovision.net）

其值得一提的是，在城市美化运动中，城市基础设施已经开始受到关注，并在设计中得到了有意识的考虑，尽管多数时候只是停留在视觉美学的层面上。

2.3.3　生态城市规划设计理论

生态城市（ecological city）规划是指按照生态学原理进行的城市规划设计，以建立高效、和谐、健康和可持续发展的城市人居环境为目标[29]。景观基础设施是建设生态城市的一个重要组成部分。生态城市的规划设计原则对景观基础设施理论具有非常重要的指导意义。

苏联生态学家亚尼斯基（O.Yanitsky）在20世纪80年代首次提出了生态城（ecopolis）的设想，将其作为一种理想化的城市未来发展模式，在城市中追求自然环境与工程技术的有机结合，创造性地提升城市生产效率，使城市资源得到更加高效、合理的利用；同时要以最大限度地保护城市生态环境为基本原则，不能以损害环境健康为代价实现城市运行和发展；而且，生态城市要体现对城市居民的关怀，保护他们的身心健康，充分调动城市居民的创造能力，形成令人愉悦舒适的城市生存环境，最终形成一种可持续的城市生存和发展模式[30]。

直到1984年，在联合国教科文组织的"人与生物圈计划"（MAB）的报告中，生态城市的概念才被正式确认，该报告是未来城市发展的行动纲领，同时提出了生态城市的基本原则：

（1）生态保护策略。

（2）生态基础设施。

（3）居民生活指标。

（4）历史文化保护。

（5）自然与城市融合[31]。

在随后的理论发展和实践过程中，产生了许多生态城市的具体建设策略，其中，加拿大学者罗斯兰德（M. Roseland）提出的"生态城市十项原则"是其中比较重要的一个理论：

（1）调整城市土地利用的模式，创造紧凑、多样、绿色、安全、愉悦和混合功能的城市空间。

（2）改革城市交通方式，使其更加有利于步行、自行车、轨道交通以及其他除汽车以外的交通方式。

（3）恢复被破坏的城市环境，特别是城市水系。

（4）创造适当的、可承受得起的、方便的以及在种族和经济方面混合的住宅区。

（5）倡导城市公平性，为城市社会中的各个组成人群（尤其是妇女、残疾人等）提供更平等的机会。

（6）促进地方农业、城市绿化和社区园林项目的发展。

（7）完善城市资源循环，在减少污染和有害废弃物的同时，倡导采用适当的技术与资源保护。

（8）通过商业行为支持有益于生态的经济活动，限制污染及垃圾产量，限制使用有害的材料。

（9）在自愿的基础上提倡一种简单的生活方式，限制无节制的消费和物质追求。

（10）通过实际行动与教育，增加人们对地方环境和生物区状况的了解，增强公众对城市生态及可持续发展问题的认识[32]。

2.3.4　绿色基础设施、生态基础设施理论

在城市的发展过程中，城市建设用地不断地消耗其内部和外围的自然空间，使城市周边自然环境不断减少，并趋于破碎化，严重影响了自然生态系统服务功能在城市中发挥作用。这种自然服务功能包括提供健康的食物、空气，生态净化、防护以及休闲娱乐、审美和教育等多种形式[33]，是人类和城市生存的基础。

在城市自然用地不断减少的背景下，景观领域先后提出了生态基础设施（ecological infrastructure）（Mander, agonaegi, et al., 1988；Selmandvan, 1988）和绿色基础设施（green infrastructure）［美国国家保护训练中心（The U. S. National Conservation Training Center），2001］理论，作为对现代城市基础设施内容的扩展和补充。尽管它们的提出最初所针对的问题有所差异，但二者的核心内容却基本一致：对能够提供自然服务功能的城市自然区域和其他开放空间进行保护，是一种对土地的保护性规划[34]（图2-14）。

生态基础设施和绿色基础设施主要区别于道路、泄洪渠、防洪堤等城市灰色基础设施，其提出者主张保护城市中的绿地、林地、农业生产用地以及自然保护地等自然绿色空间，增强自然空间网络的连通性和完整性，从而使这些自然空间发挥显著的生态功能价值，形成城市得以存在和发展的自然支持系统，成为重要的城市"软"性基础设施。

连接性被认为是自然功能得以正常发挥的关键[35]。生态基础设施和绿色基础设施理论的核心理念就是要保护自然系统的连通

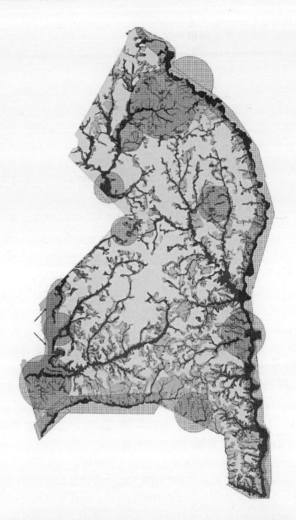

图 2-14 绿色基础设施
规划（来源：http://
www.pgplanning.org）

性，构建连贯的自然系统网络，强调区域尺度的自然连通性。相
比之下，景观基础设施更多的关注现有城市的灰色基础设施，强
调对现有基础设施进行功能模式的转变、复合功能化和空间再利
用，通过景观的创造性介入，使得基础设施成为一种城市复兴的
媒介，其实践领域也更多地涉及城市建成区内部、边缘扩张地带
和废弃地。景观基础设施可以依托城市基础设施空间网络实现空
间的连接，在这一点上与生态基础设施和绿色基础设施相似，它
们之间既有联系也有区别。

2.4 聚焦景观都市主义理论

在过去的几十年时间里，伴随着西方后工业化、后城市化的发展，"景观复兴"呈现出日益活跃的景象，成为一场学术与文化的革新运动[36]。新理论思潮不断涌现，风景园林学正在建立与包括地理学、生态学、城市学等多学科理论的交叉与融合；风景园林实践也日益多元化和复杂化，从传统园林、公共空间延伸至屋顶、棕地、废弃地、基础设施等一系列空间。景观都市主义就是在这样的背景下提出的，它重新界定了城市与景观的关系，将景观定义为一种新的绿色弹性框架，进而将分散的城市化组团重新联系起来，实现城市与景观更加紧密的融合。这其中也包括城市基础设施与景观的融合思考，可以作为景观基础设施思想的重要理论基础和行动指导方针。

2.4.1 重新界定景观与当代城市的关系

1955年，维克多·格鲁（Victor Gruen）尝试通过景观这一概念来重新定义美国城市，他提出了"都市景观（cityscape）"一词，泛指城市中的建筑物、基础设施、覆盖的地表等城市改造环境，并将这些整个归类为景观（landscape）的范畴，然后再进一步细分为技术景观（tech-scapes）、交通景观（transportation-scapes）、城郊景观（suburb-scapes）和城市附属景观（subcity-scapes）等类型，以此对现代城市的组成部分进行分类。他同时强调，城市应当超越建筑单体的限制，需要将建筑及其周边环境和运行的城市肌理联系起来进行考虑[37]。另外，彼得·罗（Peter Rowe）将城市边缘区域定义为"中间景观（Middle Landscape）"，并提出为了使其转变为更有意义的公共领域（public realm），首先应当关注的是区域景观而不是独立的建筑形式[38]。著名的建筑历史评论家肯尼斯·弗兰姆普敦（Kenneth Frampton）在《通向城市景观》（*Towards an Urban Landscape*）中也明确表示"在持续遭受商业化的人工城市环境中，景观有能力充当关键的补偿性的角色[39]"，具有巨大的潜力。雷姆·库哈斯（Rem Koolhaas）在1998年也宣称建筑已经不再是决定城市秩序的主要因素，并把当代城市比作一个不断伸展并融合一切城市组成部分的"景"（scape）（图2-15），在此过程中，自然与人工、景观与建筑的二元对立关系逐渐消除，自然生态系统和城市工程系统共同成为影响城市形态的基础力量，二者边界正在变得越来越模糊，景观正在迅速成为决定整个城市秩序的主要因素[40]。

　　景观具有独特的对于不同用地环境、区域特征、生态系统和基础设施网络的控制和处理能力，同时也拥有对城市各种功能空间的组织和协调能力。具体来说，景观可以为现代城市提供一种多功能的空间设计手段、动态互动的发展方式以及自然生态因素与人工工程技术的结合形式，进而更加符合现代城市复杂性特征，满足城市化发展进程需求，弥补传统城市规划手段在应对现代城市发展问题中的缺陷[41]。正因为景观的这些特征，使其在现代城市发展中的作用正在被重新关注和更为广泛地界定，并逐渐形成了景观都市主义这一新的研究方向。

2.4.2　景观都市主义的概念

　　"景观都市主义（Landscape Urbanism）"由查尔斯·瓦尔德海姆（Charles Waldheim）在1997年首次提出，他在《参考宣言》（*A Reference Manifesto*）中指出在现代城市化发展进程中，景观都市主义是一种整合现有城市秩序的新的有效手段，也是组成城市自身的不可缺少的要素。景观综合考虑城市周围环境、基础设施以及嵌入城市内部的空间，并通过目的明确的设计和规划方式，加强城市的可读性和凝聚力，从而使城市成为一个健康的和具有活力的有机统一体[42]。

　　在景观都市主义思想中，"景观"和"都市主义"之间是一种共存和互动的关系，而不以替代为目的[43]。景观可以在未来城市中发挥更加积极的作用，妥善协调自然、城市、社会等动态系统的关系，并最终使现代城市转变为能够可持续健康运行的系统（图2-16）。

　　从某种意义上讲，麦克哈格的"设计结合自然"思想是一种自然的生存策略，而景观都市主义思想应当被视作一种城市的生存策略[44]。景观都市主义正在试图摆脱对自然的僵化认识，将自然放在城市的框架中进行研究，发展成一种包括自然复杂性和城市复杂性的新的城市生存观。

　　景观都市主义将关注重点更多地放在城市异质性环境的交叉区域，反思城市、自然、社会、经济、技术等方面发生冲突的复杂情况，重视从城市荒废土地中挖掘潜力，将现代城市中的基础设施、建筑和自然环境作为复杂的城市"景观综合体"进行整体考虑。景观都市主义可以作为对将城市割裂看待的现代功能主义的批判，主张以景观为核心概念作为组织城市结构的有效工具，以反思单纯地遵循以个体建筑和城市街道系统作为城市基本组织构架的模式[45]。

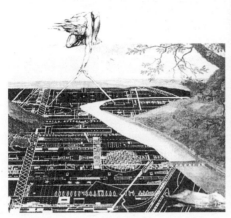

2.4.3　景观都市主义的思想特点

图 2-15　库哈斯将城市解读为"景"（来源：大都会建筑事务所）

图 2-16　多伦多当斯威尔公园设计构思（来源：大都会建筑事务所）

理查德·维勒（Richard Weller）曾经对景观都市主义思想进行了汇总，对其关键的思想特点给出了"更加简明的解决坐标"，认为景观都市主义思想主张：

（1）结合以生态科学理论范式为基础的当代自然观，将自身调整为一个复杂的、自我组织的系统。

（2）通过概念化的阐述，使景观可以作为一个复合的生态系统进而解释和直接参与城市系统之中。

（3）在城市生活形式方面，强调运用创造性和随时间发展的生态机制，而不是设想一种理想化的静态的社会与自然的平衡。

（4）基础设施、建筑物等都在景观当中，它们也包括在了景观的设计范围内，不同尺度的景观成为联系设计、生态和规划的桥梁。

（5）利用先进的计算机技术开展具有创造性和实验性的设计方式，将影响特定设计场地的社会和生态驱动力量绘制出来，以便实现景观的动态复杂性的设计要求。

（6）将结构的效率性与功能性作为设计的目标，将场地与项目作为有创造性的题材和机会，尽管普遍上总是将对场地的合理认识强加于设计师的看法。

（7）将景观作为一个最根本的系统放在最为突出的位置[46]。

景观都市主义理论注重开展实践，并通过实践强化理论发展，无论是对于区域尺度、中型尺度还是小尺度都有所考虑，为解决当今城市问题提供了一种新的工具和视角。但是，景观都市主义理论主要是针对西方后工业城市所暴露的问题而提出的解决方案，在用于以中国为代表的正在迅速崛起的发展中国家时需要进一步研究，使其成为一种符合中国等发展中国家的实际情况的具有超前眼光和启示意义的未来城市发展的指导思想。

第 3 章

景观基础设施的
理论发展脉络

自景观作为基础设施（landscape as infrastructure）在1996年由盖里·斯特朗（Gary L.Strang）首次提出以来，经过近20年的不断发展，已经成为当今国际风景园林学术界又一重要的研究和实践理论。

景观基础设施理论起源于对现代城市基础设施危机的反思，是景观都市主义理论的聚焦和延伸，并随着现代城市发展特征的演变而不断成熟和完善。在今天，基础设施已经毫无疑问地成为支撑现代城市生存、发展和更新的关键性网络，并创造了现代城市化发展的神话。但是，随着20世纪末基础设施问题的不断凸现，人们开始发现之前一直遵循的基础设施发展模式并不是完美的，有可能为未来城市发展埋下诸多潜在的风险。在这样的背景下，除了传统的工程领域，越来越多的学科领域开始关注基础设施，并结合自身视角寻找传统城市基础设施的更新潜力，将其作为未来学科发展的一个新的拓展机遇。

在景观都市主义不断成熟并产生巨大影响力的背景下，景观作为城市更新媒介的理念逐渐被学界所接受，基础设施也自然成为实现景观介入城市的一个重要突破口（图3-1）。随着理论和实践的不断深入，景观基础设施理论开始更加关注基础设施的特征及其所承载的生态流等方面的研究，并作为一个独立的理论开始迅速发展。正如格杜·阿基诺（Gerdo Aquino）所描述的那样，景观基础设施

图3-1 布鲁克林皇后大街改造（前后对比）（来源：Term Definition Identity, *TOPOS*, 2010年第71期）
（a）改造前
（b）改造后

(a) 　　　　　　　　　　　　　(b)

是"一个逐步成熟的和可持续探讨的议题",也是风景园林行业"随着时间的推移而逐步发展和完善的可预期的自然结果[1]"。

3.1　景观基础设施的概念

在20世纪末21世纪初,现代城市已经出现了许多新的特征:信息技术革命和现代交通技术的发展使得城市的流动能力不断增强,城市规模变得越来越庞大,不断向周边蔓延,城市的边界也不断模糊[2]。此外,随着现代城市生态学理论的发展,对城市的认知也发生了显著的改变,城市越来越多地被当作一个具有动态复杂性和多种综合功能的有机系统来进行考虑,生态设计在城市发展中所发挥的作用也日益显著。

面对当今城市出现的新特征,传统的城市规划和设计思想正在面临诸多的挑战,人们开始尝试从多种角度探索处理当今城市发展问题的方法和策略。在这样的背景下,景观结合现代生态学思想和自身特征开始尝试在城市的发展过程中发挥更加积极的作用,产生了景观都市主义的设计思想,并且认为景观已经不仅仅是城市的绿色开放空间,也可以依托它所容纳的以各种自然过程为主导的生态引入手段和以多种功能为主导的公共空间设计能力,成为一种有效的城市改造工具[3],并从城市基础设施的角度提出了景观基础设施理论。

景观基础设施是一个由"景观"和"基础设施"组成的复合名词,包括"景观作为基础设施(landscape as infrastructure)","基础设施作为景观(infrastructure as landscape)","基础设施景观(landscape of infrastructure)"和"景观基础设施(landscape infrastructure)"等多种形式[4],虽然名称略有区别,但本质上都是在探讨景观与现有城市基础设施结合的潜力和创造性方式。景观正在将传统的城市基础设施当作重要的实践领域,追求二者在形式、功能、文化等方面更深层次的融合,进而改变传统基础设施、景观的面貌和模式(图3-2)。与生态基础设施和绿色基础设施相比,景观基础设施传承了它们的基本原则和设计思想,但不仅仅局限于在城市中消极地保护自然的空间环境,而是积极地在城市中寻找更多能够形成与自然生态、社会功能和基础设施功能相交错的混合景观(hybrid landscape)的机会。

景观基础设施作为一个新的拓展领域,其定义仍然非常多元化,并在不断地拓展,包括伊丽莎白·莫索普(Elizabeth

图 3-2 东斯海尔德防洪堤（来源：West8景观规划设计事务所）

Mossop）、皮埃尔·贝兰格（Pierre Bélanger）、洪盈玉等都结合自身研究对其进行了定义[5-8]，归纳起来主要涵盖以下四方面内容：（1）景观作为基础设施更新的媒介——通过景观的设计介入，基础设施将逐渐演化成一个自然生态与工程技术相融合的交界面，兼具复杂的生物生态过程、资源流动过程和社会动态过程；（2）基础设施可以成为城市景观的空间载体——这些在高密度城市中最标准化的基础设施空间将被重新挖掘潜力，成为巨大的空间网络，实现与城市的融合；（3）景观与基础设施的功能复合——为了更好地支撑城市发展，基础设施将从传统的单一功能的城市资源转变为混合功能的城市资源；（4）未来的基础设施理念模式革新——基础设施将被拓展成为一种具有系统性、服务性、多尺度、资源性、流动性、过程型和动态性的景观，并用于重塑城市生态、经济和社会，成为未来城市更新的一种新的途径。

3.2 源起：基础设施城市主义与基础设施作为景观

3.2.1 基础设施危机与基础设施城市主义

在历史上，自然环境是支撑人类生存和发展的基础。但是，随着现代城市化的发展，这种支撑力量逐渐被人工工程化的基础设施系统所取代，这种人工的基础设施可以远距离地输送人类生存和发展所必需的各种资源，并逐步确立了其在城市中的支配性地位。但是，从20世纪70年代开始，发达国家出现了大规模的基础设施衰退现象，其模式、效能等问题开始逐渐凸显，引起了广泛的社会关注（图3-3）。这种关注不仅局限于工程领域，而是拓展到多个相关学科领域。越来越多的研究者开始质疑现代基础设施的模式，希望结合自身专业优势来缓解基础设施问题，提升基础设施效能并降低其对环境的影响。

尤其是在建筑和规划领域，大家开始重新关注基础设施，以艾伦·斯坦（Allen Stan）提出的"基础设施城市主义（infrastructure urbanism）"为代表。通过对北美城市化过程的研究，斯坦认为现代城市化的空间逻辑是一个"彻底的水平城市化过程"[9]，基础设施则是控制这个巨大平面的关键，但因其通常是隐藏在"薄薄的、可建设的表皮以下"[10]，所以非常容易被忽视。他因此强调建筑师必须开始"将自身的想象和技术能力转向基础设施建设方面"[11]，要从基础设施视角来重新认识城市。在后现代主义语境的影响下，未来的基础设施可以像解构主义建筑一样，被打碎、重构和再生，成为一个除了引导城市能量流动以外，还可以承载更多发散的城市功能的场所，并以一种"加厚表皮"（图3-4）

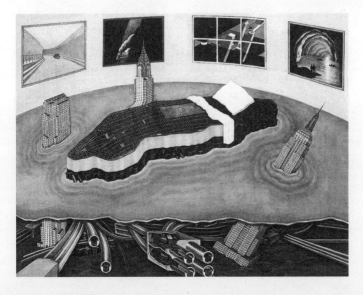

图 3-3 无限的弗洛伊德，纽约的城市解构（来源：大都会建筑事务所）

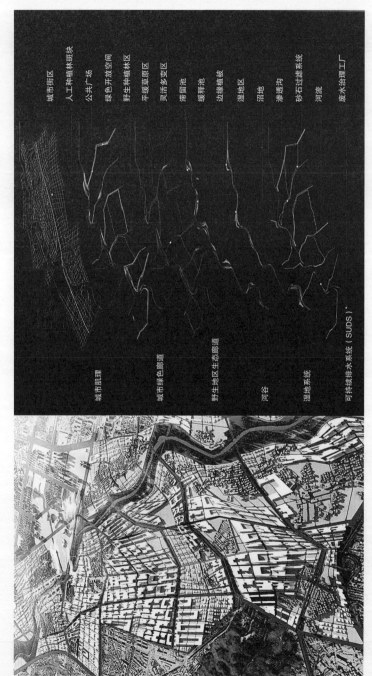

城市街区
人工种植林斑块
公共广场
绿色开放空间
野生种植林区
平缓草原区
灵活多变区
滞留池
缓释池
边缘植被
湿地地区
沼地
渗透沟
砂石过滤系统
河流
废水治理工厂

城市肌理
城市绿色廊道
野生地区生态廊道
河谷
湿地系统
可持续排水系统（SUDS）

图 3-4　厚土——深圳光岗新城规划（来源：http://www.worldarchitecturenews.comnews_images16267_6_groundlab-deep-ground1.jpg）

的面貌呈现出来。这种基础设施与地表混合的城市表皮形态，也被
雷姆·库哈斯解读为"景"（图3-5），揭示了基础设施与景观的潜
在联系。

图3-5 巴黎拉维莱特
公园竞赛提案（来源：
大都会建筑事务所）

图3-6 大地巨人（来源：
http://www.choishine.com/
Projects/giants.html）

3.2.2　基础设施作为景观

　　1995年盖里·斯特朗在洛杉矶论坛（The Los Angles Forum）
首次以"基础设施作为景观"（Infrastructure as Landscape）
为题发表了演讲，将基础设施作为一种现代城市景观进行重新解
读（图3-6），引起了热烈反响。次年，在论坛的基础上，场地
（*Places*）杂志出版专刊，以"基础设施作为景观、景观作为基础
设施"为专题，系统开展了景观和基础设施关联性的讨论，并通
过一系列案例的研究，探讨了二者结合的可能性，拉开了景观基
础设施研究的序幕。

　　盖里·斯特朗在论文中首先质疑了将基础设施看作是一个需
要被隐藏的系统，认为基础设施的自然和社会价值一直被低估，
而且在目前城市迅速扩张，对供给功能提出更高需求的背景下，
基础设施迫切需要进行革新。论文同时分析了基础设施产生的目
的是使自然变得更加可控，保证城市免受自然灾害的影响，但是
为了实现这一目标却创造了更加复杂的系统，其不确定性和不可
控性与自然灾害具有同等的威胁。基于以上的研究，斯特朗提出
基础设施本身具有生物复杂性的特征和需求，与景观具有固有的
联系性，如果将其作为一种不可缺少的城市景观来看待，重建其
与自然和社会的联系，基础设施将有可能成为未来景观实践的肥
沃土壤。景观的介入将实现基础设施"从英雄主义到生物多样复

杂性"的转变，通过探索一种新的、清晰地描述自然的工作模式，实现自然景观和基础设施景观共存，并展现基础设施的复合功能。景观与基础设施的联姻将体现自然与技术的融合，不仅使基础设施获得新生，同时也会创造出一个巨大的城市更新机会，成为城市和区域未来发展最重要的决定性因素[12]。

专刊同时收录了多篇以实践研究为主的文章，集中探讨了景观与基础设施结合的三个重要领域：（1）以景观为媒介的生态介入可以使基础设施发挥更加高效的功能，尤其是在雨水管理和城市防洪方面，通过模仿自然排水模式的景观，可以提出一个能够带来多重效益的可持续基础设施解决方案[13-14]；（2）通过对加拿大安大略省和美国密西西比河新城的规划研究，提出城市基础设施系统可以与区域的自然生态景观相融合，形成一种复合的多功能网络结构，作为未来新城发展的支撑骨架[15-17]；（3）设计师在美国凤凰城公共艺术规划中探讨将景观艺术与基础设施结合起来，使基础设施转化为一种标志性的城市文化资源，使其以一种更加优美和亲切的形象与城市生活相融合[12, 18-21]。

3.3 发展：景观都市主义与基础设施景观

3.3.1 景观都市主义与基础设施景观的关联性

20世纪末，在发达国家城市产业转型，工业废弃地激增，城市中心区不断萎缩的背景下，景观都市主义作为一种应对城市化问题，实现城市复兴的重要理论得到迅速发展。它的核心观点认为景观有能力成为城市建设的最基本要素，作为城市更新的重要媒介，成为当代城市化进程中一种对现有城市秩序重新整合的新途径。

从景观作为城市更新媒介的目标来看，景观都市主义与基础设施景观之间的关联不是一种巧合，而具有必然性。现有的、能够引导现代城市功能和结构秩序的基础设施，必然会成为景观都市主义最关注的领域。瓦尔德海姆认为景观与基础设施很早就建立了关联，原因就在于景观都市主义的实践需要依靠和利用基础设施重塑城市的巨大能力[22]。理查德·韦勒也将景观看作是一种可以承载多种复杂生态流的载体，并强调它就是基础设施的未来[23]。

因此，景观基础设施理论的先锋研究可以看作是起始于景观都市主义开创的理论基础。在这一时期，景观基础设施的主要操作策略来源于景观都市主义；而基础设施作为景观都市主义的重要实践领域，可以作为突破口将景观与都市主义重新联系起来，成为景观整合现有城市秩序的最有效载体。

3.3.2　景观都市主义理论中的基础设施景观思想策略

《论当代景观建筑学的复兴》、《景观都市主义读本》是景观都市主义理论的代表性著作。通过对其进行研究可以提取出涉及基础设施景观的主要思想策略。

景观都市主义主张用更加有机、动态的生态学观点来看待基础设施，并提供了一种可操作的手段。詹姆斯·科纳（James Corner）提出基础设施是一种"由特殊的几何和空间秩序构成的非常有序的实体"，与"森林和河流具有一样的生态性"[24]，并提出了注重时间、流动和联系性，强调动态互动的景观表达和设计实施途径（图3-7）。针对该特征，这种新的"基础设施景观"将具有更大的弹性来适应未来诸多的不确定性，并实现对区域空间结构的重组。皮埃尔·贝兰格（Pierre Bélanger）、亚历克斯·沃尔（Alex Wall）还对基础设施的表面潜力进行了研究，探索如何将其转变为一种"融合生物、机械和电子资源的综合体，有效地将全球商业活动、地区交通设施、区域生态系统和土地使用紧密地联系起来"[25-26]。

在景观都市主义理论中，基础设施景观被认为是一种公共空间综合体，可以重新连接基础设施与城市肌理（图3-8）。莫森·莫斯塔法维（Mohsen Mostafavi）认为基础设施景观为重新定义公共领域提供了机会。伊丽莎白·莫索普（Elizabeth Mossop）提出基

图 3-7 纽约清泉公园发展框架（来源：FO 景观设计事务所）

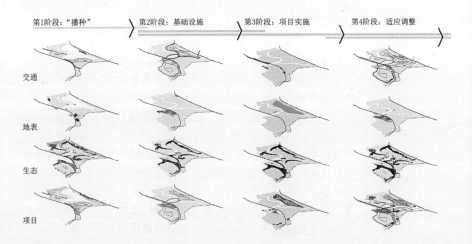

第1阶段："播种"　　第2阶段：基础设施　　第3阶段：项目实施　　第4阶段：适应调整

交通

地表

生态

项目

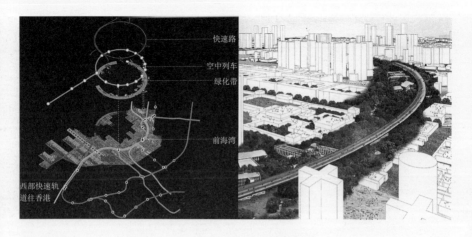

快速路

空中列车

绿化带

前海湾

西部快速轨
道往香港

图3-8 深圳前海规划
竞赛提案（来源：大
都会建筑事务所）

础设施不仅需要满足单纯的技术标准，更需要同样满足公共空间
的多重标准，发挥保护自然系统和城市文化活力的双重功能[27]。
杰奎琳·塔坦（Jacqueline Tatom）和丹尼斯·克斯格洛甫（Dems
Cosgrove）等还分别研究通过设计将公路、机场等基础设施转变
为满足城市生活的公共资源[28]。

3.4 成熟：景观基础设施的独立发展

3.4.1 景观基础设施学术研讨会

　　景观基础设施自21世纪初开始逐渐独立发展，主张不再把基
础设施和景观当作一种不同甚至对立的事物来看待，研究也更
加关注基础设施中所承载的包括生态、社会、能源在内的一系列
复杂的物质能量关系和流动过程，以及由此形成的全球性联系网
络，聚焦解决未来城市发展可能面临的包括气候变化（图3-9）、
物质流、人口迁移和全球城市扩张等在内的多元影响和挑战。

　　2008年在加拿大多伦多大学率先召开了主题为"景观基础设
施——实践、范例、技术的涌现，重塑当代城市景观（Landscape
Infrastructures—Emerging Practices, Paradigms and
Technologies Reshaping the Contemporary Urban Landscape）"学
术研讨会，标志着景观基础设施理论开始独立发展。会议主要探
讨了景观在生态领域不断累积和日益庞大的研究成果对基础设施
在未来发展战略方面所可能产生的影响，并分析了一系列实践项
目、技术手段和设计范式，认为景观基础设施必须更加关注文化
而不是工程，进而重塑21世纪更加具有功能活力的城市环境，作

(a)　　　　　　　　　　　　　(b)

为一个可以提供城市生存必需的各种服务、资源和过程的复杂系统，支撑当代城市经济的发展[29]。

　　2012年在哈佛大学举办的景观基础设施论坛以重新定义基础设施（redefining infrastructure），描述基础设施（representing infrastructure）和重建基础设施（rebuilding infrastructure）三个议题为核心，进一步加强了景观基础设施理论体系的建设。此次会议的参加者除了有风景园林师、城市规划师、建筑师、土木工程师和环境工程师等工程领域专家，还包括了生态学、水文学、生物学、地质学、气候学等自然学科和经济学、历史学等社会学科的研究学者。各个学科的专家围绕基础设施，从本学科角度分析了当今城市化背景下发达国家在经济、社会和生态层面所面临的诸多重大挑战，包括去中心化、人口迁移、碳氮循环、污染富集、废物扩散、气候变化等多个方面，聚焦"景观涌现"对基础设施可能带来的影响，以及当代城市化体系和发展策略由此产生的革新，重点探讨了如何通过设计使景观基础设施更具生态、社会和经济弹性，以应对未来挑战[30]。这进一步强调了基础设施是一个多学科实践的领域，针对基础设施的多功能目标需要建立一个多学科合作的研究体系，要挖掘不同学科与基础设施之间的关联性内容，并以景观为媒介介入基础设施的未来发展建设。

3.4.2　《景观基础设施：超越工程的都市主义》的核心思想

　　皮埃尔·贝兰格是这一阶段景观基础设施理论发展的主要推动者。他不仅是上述两次景观基础设施研讨会的核心组织者，同时也在2013年完成其博士论文《景观基础设施：超越工

图 3-9　纽约弹性防洪水岸（来源：http://archpaper.com/news/articles.asp?id=5250）
（*a*）平面图
（*b*）效果图

程的都市主义》(*Landscape Infrastructure: Urbanism beyond Engineering*)。该论文也已经成为该阶段景观基础设施领域的代表性著作之一。

景观基础设施的核心设计途径是将基础设施的单一功能结构转变为复合功能结构。贝兰格在论文中提出，这种转变可以通过基础设施所承载的生态流和生态过程的激活而发生，而对生态流和生态过程的引导正是风景园林所固有的优势。景观基础设施可以成功的关键在于将城市的基本生态服务与有生命的景观相连接，以解决、回应影响城市的各种不利因素。通过不同层面的生物物理系统与现代城市基础设施的合并，以及其中所蕴含的不同能量流和不同过程的联结需求（图3-10），将为基础设施由单一功能转向复合功能创造巨大的机遇，也将驱动城市形态学的新的发展。

贝兰格将这些基本的城市生态服务主要归纳为水资源、废物循环、能源再生、食物生产、大规模交通流和社区交流网络，与之相对应的，景观基础设施的核心研究领域将聚焦为速度的景观（landscape of speed）、拆解的景观（landscape of disassembly）、景观作为基础设施、新陈代谢景观（metabolic landscape）、区域化（regionalization）和基础设施生态学（infrastructural ecologies）。

贝兰格同时认为在20世纪，以工程化为原则产生的基础设施模式制造了大量的城市代谢废物，而这些正是21世纪城市化发展

图3-10 荷兰鹿特丹莱茵河三角洲废物循环流（来源：https://placesjournal.org/article/ecology-and-design-parallel-genealogies/）

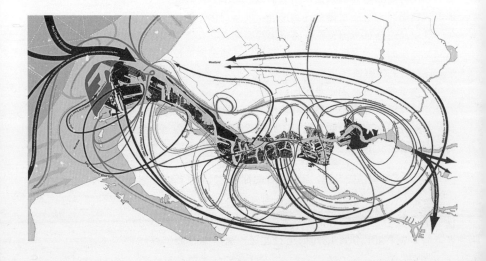

和更新的新机遇。景观基础设施有能力通过调整物质和能量流，在生态系统、社会系统和经济系统之间寻找到更加高效、完美的结合途径，回收由于不合理模式所产生的废弃物和废弃空间，并以此为切入点彻底重组未来城市空间的发展模式。景观基础设施将为实现这种城市区域更新提供一个复杂的可操作系统，将一个受到严格控制、隔离自然的僵化系统转变为一个可以接受多种因素的载体，并通过一种长期和区域尺度的策略实现动态的发展控制。

如果从社会动态过程和地理空间策略的角度看，基础设施所蕴含的物质能量流动将超越通常的、物理的行政边界。因此，景观基础设施强调打破现有的分区规划模式，考虑区域生态系统、经济系统、地理系统和社会系统等多层系统的动态影响，设计手段更加注重水平尺度的区分，强调运用层叠、联系和协同等方式，建立跨区域联系（将本地系统与全球系统进行关联）、水平空间联系和垂直空间融合。

3.4.3　景观基础设施的主要实践探索

景观基础设施在此阶段尤其注重理论探索与研究设计的结合，并通过构建一种开放式的研究框架，使理论具有极强的包容性和扩充性。

WPA2.0是以景观基础设施为核心议题的第一个开放性的国际竞赛，在行业内产生了巨大的影响。美国政府在2009年通过了复苏与再投资法案，计划投资1500亿美元用于基础设施建设。受到多伦多大学景观基础设施会议的启发，加州大学洛杉矶分校城市实验室（City Lab）随后组织了WPA2.0国际竞赛，希望可以提出创新且具有实施性的设计计划，探索基础设施作为一项工程的额外价值，并最终通过基础设施更新实现社区和城市的复兴。竞赛的一个非常重要的出发点就是超越传统基础设施的界限，有意识地对该领域进行更加模糊的界定，其定义的基础设施研究领域可以涉及包括公园、开放空间、学校、机动车库、下水道、道路交通设施、雨水、垃圾、食物供应系统、娱乐空间、本地经济系统、绿色基础设施、消防设施、市场、垃圾填埋场、能源设施、墓地、智能化设施等多个方面，进而发掘更大的基础设施潜力[31]。这些空间最终将以点和线的形式集成到现有城市结构之中，成为一个杂交城市经济和生态的系统。从最终的获奖作品来看，这些方案都将改变的重点聚焦在从多种角度挖掘曾经被忽视的基础设施资源，采用更加可持续的水和能源利用策略，并以基础设施和公共空间相融合的特殊形态呈现出来，从而成为一个具有活力的公共资源（图3-11）。

图3-11 隧道藻类公园（来源：http://wpa2. aud.ucla.edu/ info/index.php?/ theprojects/winners/）

《景观基础设施》（*Landscape Infrastructure: Essays+Case Studies*）是2013年出版的以SWA景观设计公司的设计实践为核心的论文和项目研究案例集，是景观基础设施实践研究的代表性著作。该书试图重新认识基础设施在构筑未来城市中所可能发挥的作用，并通过设计研究总结出一种具有实用价值的实践模型，包含一套具体的特征和标准：性能指标（performance—metrics）、聚合体（aggregate—the collective whole）、网络连通性（network — connectivity）以及阶段性价值增长（increment — phasing/growth）四个主要方面。性能指标要求景观基础设施需要满足一定的需求并具有一个明确、可衡量的指标，从而可以进行分析和调整以达到最优化的效果。聚合体明确了景观基础设施是一个具有众多功能和元素的综合体，当这些功能元素聚集在一起时，各个单独元素所存在的负面影响将被削弱，而积极影响将被进一步强化。网络连通性强调景观基础设施将成为建立城市有机联系的结缔组织，有能力依托庞大的基础设施网络，将周边相互分离、不同特质的城市元素融合在一起。增值和阶段性增长则要求景观基础设施作为一种区域催化剂，必须具有适应未来城市变化的动态性，伴随未来一定时期内的区域变化实现持续的增长[32]。

第 4 章

景观基础设施的
核心设计策略

　　景观基础设施不一定就是"绿色"的，也不单纯局限于自然生态的层面，而是追求在自然、社会、经济等多个层面广泛运用生态原则。这种生态原则的体现除了要求尊重自然规律、强调对自然的合理利用以外，从广义上讲，也包括设计空间使用效率高，功能合理，能够满足不同居民多功能的使用需求，并在最少投入的情况下产生最大化的效益等多个方面[1]。

　　景观基础设施的前提是要保证城市基础设施所提供的基础服务功能不受影响，并通过自然引入和生态技术的运用，强化自然系统的服务功能，提供更加洁净的空气，充足卫生的饮水，安全便捷的交通、清洁高效的能源和更加系统的水资源和城市废弃物管理。在此基础上，景观基础设施还要满足更多层面的需求，包括运用景观艺术手段对基础设施的形式进行重新表达；为基础设施赋予更多的公共服务功能，满足居民生活需求并提高生活品质；加强与周边区域的互动，建立与城市更加紧密的联系，提升基础设施自身及周边土地价值等，使基础设施朝着更有魅力、更有效率、更具弹性、更融入公共生活、城市服务能力更强和更关注环境的方向发展。

4.1　人工生态系统——重建工程与自然系统间的联系

　　自然生态系统为城市的生存和发展提供了基本的生态系统服务功能，包括减弱极端气候变化的影响、推动城市营养物质和能源循环、降解城市废弃物、控制病虫害、杀菌消毒、净化空气和水源等多种综合功能。"生态系统服务就是生态系统提供的有益人类的功能……尽管人类已经具有先进的科学技术水平，有能力适应环境变化所产生的影响，但是从根本上讲，人类生存还是依靠生态系统的服务功能。[2]"尤其对于高度聚集化的城市而言，自然更具有不可替代的重要作用。

　　城市基础设施发挥着城市的基本支持功能，是城市中与自然关系最为密切的组成部分之一，许多基础设施就是依托城市内原有的自然空间建设而成的。基础设施与城市中的自然空间资源（包括土地、河流、湖泊等）以及这些空间资源所具有的自然过程和发挥的生态功能都具有非常紧密的联系。但是，在城市人工环境中，许多现代基础设施工程已经成为人类控制自然的工具，在很多时候不仅没有改善城市与自然的关系，反而加剧了二者之间的矛盾。已经有大量的教训证明，在城市中通过基础设施将自然隔离，企图对自然实现完全控制是一种高风险的做法。

　　基础设施服务功能的发挥应当基于这些自然生态服务功能，未来需要重新审视基础设施与自然的关系，可以以基础设施网络作为载体将自然重新引入城市，实现人工工程与自然功能的有机融合。景观基础设施思想的一个首要任务就是要融合自然生态与城市基础设施的功能，构建一个与自然紧密联系的基础设施——"人工生态系统"。

4.1.1　自然支持系统构建

　　长期以来，城市与自然通常被当作一种二元对立的关系来看待，也因此产生了自然与技术在思想观念上的对立，认为二者难以融合。[3]基础设施作为一种重要的人工工程设施，也一直表现出与自然的紧张关系，更多的技术革新是为了更好地征服自然。可以说，许多现代的工程技术已经将自然与基础设施进行了彻底的隔离（图4-1）。

　　自然是可以和技术相联系的，并且在城市的范围内应当实现自然与技术这两个对立系统间的融合，这种结合具有非常重要的意义。在现代城市生态学思想的指导下，如何使技术性的构造和措施成为在城市人工环境内开启、促进和维持自然进程的有效手段已经得到了越来越多的尝试。

　　为了在城市与自然间重新建立一种亲密的关系，景观可以作为一种重要的中间介质，在现代城市基础设施中实现人工与自然之间的"创造性转变"[4]，将复杂的自然生物种类和能量流动过程与基

图4-1　基础设施缝隙里的自然（来源：绿色柏油路，《景观设计学》，2010年第3期）

础设施相结合，构建与自然紧密联系的景观基础设施生态系统。

通过景观构建的自然支持系统将随着时间的推移，逐渐与基础设施融合为一个统一的整体。景观基础设施可以在城市中为自然搭建了一个可以延伸的平台。这个平台将超越存在于基础设施表面的水平空间层面，成为一个融合地上、地下支持结构的垂直连续系统，利用自然的生长特性，使其沿着景观所搭建的支持系统发展，并最终发展为多层次和方向的立体自然支撑系统[5]。

在GROSS.MAX.景观设计事务所设计的垂直花园（Vertical Garden）项目中可以看到，风景园林师沿着建筑山墙修建了一个防火逃生楼梯，利用楼梯搭建了花园的支撑结构，并附加了屋顶雨水收集、滴灌等一系列生命支持设施，将建筑防火逃生楼梯与花园结合起来，形成一个与基础设施结合的城市垂直生态系统[6]（图4-2、图4-3）。

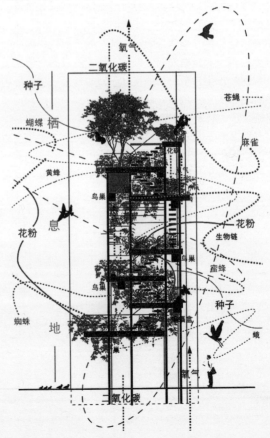

图4-2 防火梯垂直生态系统（来源：Gross.Max.，《国际新锐景观作品集Gross.Max.》）

图 4-3 垂直花园（来源：Gross.Max.，《国际新锐景观作品集 Gross. Max.》）

图 4-4 加利福尼亚自然科学博物馆（来源：SWA 景观设计公司）

在加利福尼亚自然科学博物馆（California Academy of Sciences）项目中，SWA景观设计公司创造性地运用生态技术和景观设计手段，构建了面积达1hm²的高性能屋顶生命系统，不仅显著提高了建筑的环境生态效益，也有效改善了建筑的使用质量，创造了一个标志性的人工生态环境[7]（图4-4）。

4.1.2 自然生产和新陈代谢净化作用

自然具有强大的生产能力，包括生命体自身的生长能力、生物对周围环境中的阳光、空气、水以及营养物质等自然元素的吸收、转化和交换能力，是自然生态系统最基本的生命活动形式[8]。这些自然生产力包括自然界一切物质、能源的输入和输出过程，可以实现城市物质能源的转化、平衡和循环再生，是人类和城市生存、发展的物质前提和基本保证。

但是，随着现代城市的不断扩张，城市内部及其周边自然环境正在不断减少，造成城市的自然生产能力不断被破坏，自我维持能力持续减弱。那些具有自然生产功能、对城市具有基础性维持作用的生态用地，诸如农田、湿地、森林等，都在逐渐地远离城市。而且在城市基础设施的构建中，工程师也经常忽略自然的生产能力，而一味追求通过先进技术来替代自然的功能。景观基础设施强调重新看待和提升自然生产功能在基础设施中的价值，通过创造性的设计方法，有意识地在城市范围内恢复和强化基础设施的自然生产能力。

美国GreenWorks景观事务所完成的"城市生态交错带（Urban Ecotones）"方案是2008年"Metro和谐生境国际设计竞赛（The Metro Integrating Habitats International Design）"的获奖项目。设计方案对俄勒冈州波特兰市在城市快速的发展过程中对自然生态系统的破坏进行了反思，试图通过调整城市、自然生态和经济系统的关系，建立一个与自然生产功能联系得更加紧密的新的城市发展方式。通过在城市扩张区域建立具有自然生产能力的"城市过渡带"，作为自然与城市生态系统相融合的过渡缓冲区域，为城市新区的持续发展、居民的舒适生活提供一个有效的基础设施模式。"城市过渡带"内的农田、树林将食物、清洁空气和动物资源输入城市；城市中的食物垃圾、落叶、排泄物等有机废物和城市雨水被输回"城市过渡带"。并且，设计强调通过引导城市消费方式，重新激活城市与自然间的物质、能源循环流动。这种模式能够形成本地化的再生过程，增强城市的自我维持能力，在城市与自然间建立更加密切的联系[9]（图4-5）。

城市基础设施的一项重要功能就是输送和管理城市生产和生活所产生的废物。自然生态环境具有稳定的生物和非生物新陈代谢作用。通过对这种动态的自然新陈代谢功能的引入，在一定的自然条件和环境承载能力下，可以发挥强大的自然生态净化功能，而且这种过程是非常高效、洁净和低成本的。在生态学理论的指导下，利用景观的设计手段可以将自然的新陈代谢过程引入基础设施系统。通过有意识地对自然新陈代谢作用进行引导，利用植物、微生物的吸收、富集和降解城市废物的能力，加强城市自身的物质和能源循环过程，发挥城市的自我维持能力，从而降低对环境的影响。

在城市水质净化方面，可以利用自然新陈代谢作用在城市范围内进行水质的有效改善，减轻现有基础设施的负担，强化现有基础设施的功能。城市雨水可以进行分散净化和收集利用；对城市污水处理后的中水可以进行二次净化，提升水质；对一部分特殊污水（化学工厂废水、垃圾填埋场废液等）可以有针对性地建设污水治理种植系统进行水体净化（图4-6）。该方法尤其适用于城市面源污染的控制，可以有效地提升城市水环境的整体质量。

在城市土地污染区域（如垃圾填埋场、工业废弃地等城市棕地），自然新陈代谢作用可以有效地发挥生态治理功能。通常，现有基础设施对这种场地的处理能力有限，不仅要付出高昂的处理

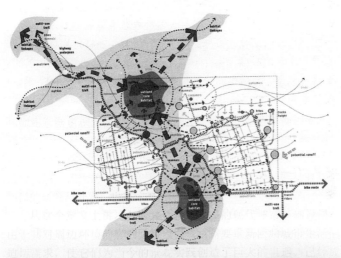

图 4-5 城市过渡带内的自然生产流量（来源：扩张城市的都市主义，《风景园林》，2009 年第 2 期）

图 4-6 成都活水公园（来源：http://www.cdta.gov.cn）
（a）整体鸟瞰
（b）人工曝气景观

(a)　　　　　　　　　　　　　　(b)

费用，也会随之产生一定的环境影响，而生物净化效果显著、成本低廉，利用一定的时间周期即可实现土地污染物的生物消化。

4.1.3　自然生态稳定性的强化

自然生态系统是由多种自然生命和非生命物质组成的有机体，具有复杂性特征，拥有连续稳定的生态物质能量循环过程，同时发挥复杂的生态功能。根据现代生态学理论的观点，复杂程度越高的生态环境将具有越大的稳定性。

现代基础设施遵循简单化的模式，生境类型极度单一。许多基础设施在设计建造时，只注重短期的经济和功能效益，缺乏更加长远和动态的考虑。为了满足基础设施的单一功能，以极端化的工程设施完全替代了原有的自然生态环境，造成基础设施环境生态系统的停滞，自然生态功能和活力的完全丧失，形成了一种极度依赖人工维护才能够正常发挥功能的基础设施系统。

景观基础设施需要重新引入多种自然生境的类型，重建生态的复杂性，激活基础设施的生态进程。但是，建设具有生态复杂性和稳定性的基础设施并不需要完全恢复基础设施建设之前的自然环境状态，而应当结合城市的特征和基础设施的实际情况，有意识地为多种自然生境类型的恢复创造适宜条件。

Stoss LU景观设计事务所在2007年的多伦多顿河下游区域（Lower Don Lands）发展设计竞赛中将原有被混凝土禁锢、与自然完全隔离的城市河道转变为允许自然渗透的"多空"的基础设施结构。这些基础设施结构可以有针对性地引导多种不同的自然生境类型，使其表面逐渐演化为多种自然生境类型相交错、具有复杂动态联系和循环过程的生命系统，实现基础设施与多种自然生境类型的融合（图4-7）。最终，使河道在满足河流防洪功能要求的基础上，重建了河口的自然生态环境交汇区域，并着重考虑了对河口区域鱼类栖息地生态系统的恢复。

4.1.4　自然过程的引入和引导

自然生态系统具有周期性发展变化的特征，而且这种变化具有诸多不确定的发展方向，受到多种因素的影响，但最终会实现动态的平衡。很多时候，自然生态系统在场地中占据了绝对的优势，奠定了设计最重要的基础，设计师的作用就是让自然动态力量在场地建设中得到执行。基础设施作为一种大型人工工程系统，很多时候会受到复杂自然过程的影响，可以遵照生态规则，

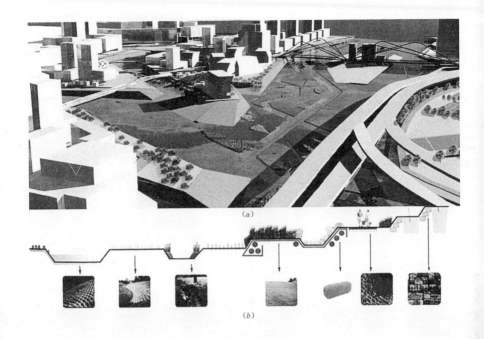

对场地赋予更加具有创造力的设计介入和技术维持，形成一种基础设施与自然相混合的"人工-自然生态系统"。

　　希腊雅典的海莱尼城市公园（Hellenikon Metropolitan Park）的前身是一个废弃的城市机场。设计师希望将其转变为一个富有自然活力的城市开放空间，并将场地的植物生境恢复和再造过程设计为一个过程函数，植物生长过程、衰退演替过程和人工引导干预过程被联系起来。设计师在场地内设计了6条宽200～300m的长廊，将高差约60m的内陆与海岸线联系起来，在带状公共空间内通过对地形的改造形成了一系列高地、坡地和低地水面，这些水面除了用作市民公共活动的平台，也成为区域雨水收集的廊道，并为植物的生存创造多样的生境条件。规划为公园制订了一个长达20年的植物群落发展计划，最初主要种植可以迅速生长的地中海常绿矮灌木丛，使土壤得到改良以适应未来高等地中海植物（松树、橄榄树、橡树等）的生长需求；并根据场地环境的差异，结合不同坡度、湿度和维护条件提出差异化的植物群落物种配置和种植模式策略（图4-8）；随着场地条件的改善，开始逐步种植适宜的高等植物群落，对先锋速生植物进行清理，引导自然植物群落的演替，逐渐形成成熟稳定且多样化的地中海生物群落。

图 4-7　多伦多顿河下游混合基础设施模式
（来源：Stoss LU，《国际新锐事务所作品集StossLU》）
（a）透视图
（b）剖面图

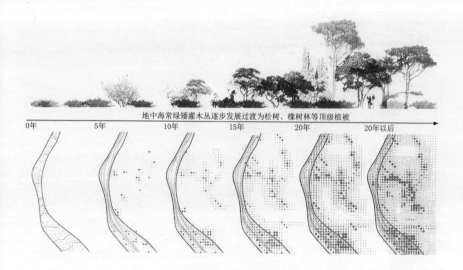

地中海常绿矮灌木丛逐步发展过渡为松树、橡树林等顶级植被

| 0年 | 5年 | 10年 | 15年 | 20年 | 20年以后 |

图4-8 雅典海莱尼城市公园植物群落发展过程规划图（来源：http://www.o-l-m.net/zoom-projet.php?id=40）

4.2　公共空间延展——重新引入复合的公共功能活力

以单一功能为目标的现代基础设施由于缺乏对自身和周围环境的整体考虑，产生了大量"未定向的附属城市碎片空间"，具有很强的功能不确定性。这些空间由于受到基础设施的影响，品质往往比较差，缺乏必要的服务设施和有效的功能开发，致使其空间活力不断丧失，利用效率极低，一部分空间甚至已经发展为杂乱、破败和危险的城市边缘区域。但实际上，这些基础设施附属空间具有承载更多公共功能的潜力，是城市建成区环境中的一片巨大的未利用"空地"，是现代城市中宝贵的资源，应当成为未来城市功能拓展的一种重要的空间载体。

混合功能是未来城市基础设施发展的一个重要趋势。简·雅各布斯（Jane Jacobs）已经在《美国大城市的死与生》一书中明确提出"多样性是城市的自然特征，是城市富有活力的源泉"，并且指出，对城市的改造应该以激活城市的多样功能为目标，从而满足城市居民复杂的使用要求[10]。由于受到经济、社会、生态等因素的综合影响，现代城市具有明显的不断向高密度发展的天然趋势，尤其应当成为发展中国家未来城市建设、更新可以遵循的基本原则。城市中的各种组成元素包括基础设施都应当被重新定义，并进行多功能的编码。当单一功能的基础设施转变为能够满足多层面需求的城市复合功能体时，将更加符合"城市固有的多样复杂性特征",进而与城市实现更加紧密的融合。

景观基础设施可以创造一种"非传统的城市公共空间",进而缝合由于基础设施负面影响所产生的城市空间断裂带。通过对基础设施进行重新定位、设计、优化和增值,为基础设施及其附属空间赋予多种混合的城市使用功能。这种具有多种综合功能的空间会比单一功能的空间更加丰富,通过更加广泛和多功能的使用,可以实现基础设施使用活力和亲密感的回归,并重新建立基础设施与周边城市环境的联系。

4.2.1 水平空间层面的多功能交织

基础设施是组成城市空间的重要元素,在城市中呈现广泛的网络状分布。在传统基础设施的建设中,景观与基础设施往往具有清晰的空间界限,更多的是一种"拼贴"的关系,但在景观基础设施思想中,要使这种空间界限变得更加模糊。景观基础设施主张通过整合设计,在同一个层面实现基础设施功能和景观功能的无缝衔接,最终构成二者在空间上相互交织、组合的统一整体,成为更能够满足城市复杂功能需求,具有更高功能效率和公共活力的城市基础设施形式。

Ground Lab景观设计事务所在深圳龙岗城市设计国际竞赛中提出了"加厚土地"的设计理念,运用城市道路、公共空间和城市河道规划相结合的空间策略,挑战了将基础设施与景观进行单独考虑的传统规划理念,实现了二者在功能和空间上的整合,增大了目前还没有被充分利用的土地使用密度,使空间的利用效率和综合效益得到显著提高。通过规划使得原来从城市中心穿过被当作排污渠的龙岗河获得了重生,集合了雨水收集、河流水净化处理、城市防洪、公共绿地、开放空间、生态廊道、户外运动场地、城市休闲观光区域等多种混合功能,实现了城市基础设施、绿色开放空间以及城市周边区域的共生发展[11](图4-9)。

在丹麦Gentofte市中心的设计方案中,SLA景观设计事务所设计了一个"城市空间混合工具(The Tool City-space Mixer)",通过制定一个富有吸引力的城市功能组合框架,利用不同的组合方式将城市街道转化为可以满足城市社会和文化生活需要的非正式聚会场所和可以停留的休闲空间,并增加了街道的舒适度和安全度,使城市街道重新被激活为多种混合城市功能的载体❶(图4-10)。

❶ http://www.Sla. dk/borger/gentofgb. htm.

图 4-9　龙岗河景观基础设施功能混合策略（来源：厚土龙岗城市再生.《风景园林》，2009 年第 2 期）

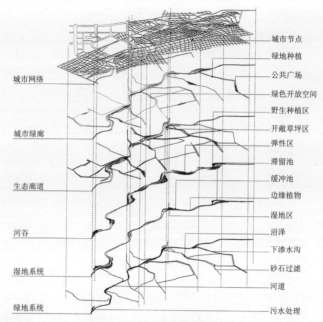

城市节点
绿地种植
城市网络
公共广场
绿色开放空间
野生种植区
城市绿廊
开敞草坪区
弹性区
滞留池
生态廊道
缓冲池
边缘植物
湿地区
河谷
沼泽
下渗水沟
湿地系统
砂石过滤
河道
绿地系统
污水处理

图 4-10　城市街道空间混合工具（来源：SLA景观设计事务所）

4.2.2　立体空间层面的多功能叠加

　　现代基础设施通常只是在某一个水平空间层面上蔓延发展，而对垂直空间的利用效率和质量明显欠缺。从空间使用的角度上讲，基础设施的这种空间发展方式非常缺乏效率，导致了明显的空间功能的浪费。在用地非常有限的高密度城市环境中，这个问题尤其应当引起注意。而且，由于缺少立体的发展，许多基础设施已经成为城市中难以穿越的屏障，将城市分割成大量孤立的片区，阻断了城市空间和功能的连贯性。

景观基础设施注重推动传统基础设施空间由水平层面向多层次的立体方向发展。基础设施的上、下层空间将被重新挖掘，通过一体化的设计，形成多层复合的垂直空间体系（图4-11）。这种叠加可以清晰地分层，也可以采用多层空间相互穿插的模式，使基础设施成为一个连续、流动的空间系统。这些立体的景观基础设施空间除了能够满足基础服务功能以外，还可以发挥包括公共空间、步行交通联系、绿地联系、动物廊道等在内的多种综合功能，实现城市割裂空间的多角度缝合。

有些城市基础设施，如高架和下沉的城市快速路、高架轻轨交通线、下沉泄洪渠等，本身就存在着大量未被充分利用的上、下层空间。这些空间有的被作为城市停车场，有的处于荒废状态。但是，这些空间都具有巨大的再利用潜力，可以通过景观设计使这些城市区域获得再生，成为独特的城市公共空间（图4-12）。

图 4-11　马德里滨河道景观（来源：West8景观设计事务所）
（a）剖面图
（b）实景

图 4-12　利用桥下空间形成的城市广场（来源：La Dallman 建筑事务所）

（a）　　　　　　　　　　（b）

图 4-11

图 4-12

4.2.3　时间维度上的空间功能拓展

城市基础设施的使用在时间上具有很大的不均衡性。许多写字楼的停车场在上班时间使用率很高，但非工作时间就常处于空闲状态；与之相反，居住区的停车场往往在上班时间被闲置，下班后才被大量使用。泄洪渠、排水设施、堤坝等城市基础设施的使用也具有很强的周期性，在没有城市降水或不需要泄洪、防洪时，基本处于空闲状态，每年的使用时间非常有限。如果加上时间维度上的研究，基础设施空间将由三维转变为四维，可以利用景观对空间环境的组织能力，在不影响基础设施现有功能的前提下，利用其闲置的时间，有意识地为基础设施赋予更多的公共使用功能，使其成为具有灵活功能的城市公共开放空间。

在德国柏林的运动场/停车场（playground/parking）项目中（图4-13），Topotek1景观设计事务所颠覆了传统的停车场模式，使其具有更加多样的使用功能，除了满足基本的停车要求以外，还在时间的维度上拓展了停车场空间功能的多重性，使其成为居

图 4-13 运动场 / 停车场（来源：Topotek1 景观设计事务所）

住区新的公共空间。除了停车场应当具有的地面停车位划分和相关的服务设施以外，设计师还通过设计丰富的色彩和具有游戏功能的标志，使停车场在闲置时成为居住区儿童游戏的场地。在这里，丰富的色彩、路线和标志元素方便了人们在住宅区与街道间进行穿行。在有汽车停放时，这里是一个功能实用但与众不同的停车空间；但在没有车的时间，鲜艳的具有几何图案和艺术风格的景观就清晰地展现出来，整个停车场被进行了灵活且奇特的功能划分。通过这种对基础设施空间的全新表达，设计师向人们呈现出一座风格鲜明，且功能随时间而变化的基础设施[12]。

在不影响基础设施基本功能的前提下，可以创造性地增加一定的服务设施和引导装置，使城市居民可以在基础设施闲置时，通过调整和使用这些附加设施为基础设施开发一定的公共空间功能，形成非确定性的，具有更加灵活功能的城市开放空间。

4.3　适应性的回归——构建适应变化的弹性动态系统

从现代生态学的观点来看，城市可以被当作一个由众多元素紧密联系在一起，具有动态复杂性的有机体，处于不断地变化和发展过程之中。在城市的各个组成部分中，基础设施因其与自然生态、社会生活、经济发展等有着更加紧密的联系，从而更加明显地受到这些动态性因素的影响。尤其当前正处于城市化迅速发展的时期，城市规模不断扩大，人口迅速增加，城市的动态性将表现得比以往更加明显。由于受到全球气候变化的影响，海平面持续上升，极端恶劣天气情况显著增多，将使自然的动态性更加难以预料和无法控制。而且，这种动态性不是一种线性的机械模式的动态，而是一种更加复杂的生物动态性[13]。

传统基础设施的一个核心目标就是要通过"工程技术"来有意识地控制这种动态性，企图将基础设施所具有的不断变化的动态性"禁锢在一个与该过程毫不相关的、僵化的空间框架之内[14]"。在这种理念的引导下，整个现代城市逐渐被一个巨大的钢筋混凝土工程网络所控制，整个城市基础设施系统没有任何的弹性和生态适应性，也缺乏对基础设施动态发展过程的考虑。

景观可以成为城市阅读和介入的一种新的手段，因为它具有协调多种动态因素的能力，容许不断的发生历时变化[15]。在与基础设施结合的过程中，景观可以充分发挥其处理动态问题的能力，将影响基础设施的动态因素纳入基础设施设计的考虑范畴，形成一个具有弹性适应性的"柔软"基础设施；同时，景观基础设施从一开始就被看作是一个动态的系统，而不是一个完成后就固定不变的混凝土构筑物，强调通过设计构建一个动态的过程发展框架，实现景观基础设施在全生命周期的不断变化，以适应不断改变的城市环境。

4.3.1 基础设施动态性和弹性适应性

西班牙著名建筑师安德鲁·布兰兹（Andrea Branzi）受到意大利哲学家简妮·瓦提摩（Gianni Vattimo）提出的"柔软主义（weak thoughts）"的影响，提出了"柔软都市主义（weak urbanism）"的思想。从城市基础设施的角度来说，该思想的主张并不是要将基础设施变得"软弱"，而是不要再在城市中把它们故意变得更"硬"，要使基础设施具有更大的弹性。不难发现，通过不断加固和强化现有城市的混凝土防御体系来抵抗自然的方法已经显得捉襟见肘，单纯从数量上对基础设施进行增加也很难满足不断变化的城市功能需求。

景观基础设施强调考虑影响基础设施的综合动态性因素，在生态、社会、经济、文化等方面都始终运用生态学原理，有针对性地对影响基础设施的主要动态因素进行观察、研究和预测，创造性地提出能够适应动态变化而不是抵抗变化的"柔软"景观基础设施。景观基础设施的"柔软"弹性使其具有更大的功能灵活性和适应性，能有效地缓解动态性因素可能对其造成的影响，在城市中产生更强的抗压能力，在满足不断变化的城市需求和缓解自然灾害影响等方面表现出更强的功能效率。

在美国北加州的圣何塞市（San Jose），由美国风景园林师乔治·哈格里夫斯（George Hargreaves）设计的瓜达鲁普河公园（Guadalupe River Park）中，对洪水的动态性进行了考虑，并结合水力学原理设计了富有特点的波浪状起伏地形，创造了高效、优美的城市防洪设施。由于面临严重的洪泛问题，美国工程兵团原本计划将瓜达鲁普河改造为工程化的泄洪渠来解决洪水问题，但当地政府持反对意见，希望在满足防洪功能的同时，对河流的改造能够推动沿岸城市发展，并成为城市新的绿色空间。于是由哈格里夫斯带领的一支由景观、水利、工程、地质等领域专家组成的设计小组，提出了具有防洪功能的瓜达鲁普滨河公园方案。整个公园系统由下层的洪泛通道和作为滨河休闲区以及动植物栖息地的上层空间两部分组成。整个设计过程还运用计算机技术对洪水动态过程进行分析，在下游的河岸上塑造了与水流冲刷形态类似的波浪形地貌，并制造了大尺度的实体模型，通过对洪水冲刷的模拟来研究场地地形的防洪功能[16]（图4-14）。哈格里夫斯的设计方案与混凝土防洪堤相比具有更加明显的动态适应性和安全性。在洪水到来时，这些地形可以减缓水流速度，降低水流对河岸的侵蚀力，还不会影响泄洪功能；而在洪水消退时，这些地形还可以有效组织排水，并向下渗透补充地下水源。景观可以以场地自然力作用的肌理作为蓝本来指导基础设施设计的形式，并将其融合到场地的生态演变过程中去。

景观也可以创造一个能够引起动态共鸣的表面，成为建立基础设施与其他因素动态相联系的"催化剂"。在东斯尔德大坝（Eastern Scheldt Storm Surge Barrier）建造完成五年以后，West8景观规划设计事务所被委托参与大坝的场地清理，完成了著名的由黑白两色贝壳布置而成的大地艺术景观。通过景观的设计，原来的堤坝变成一个黑白交错、与海鸟自然选择相关的充满生机的动态环境[17]。通过与生态学家的合作，堤坝成为深受那些濒临灭绝的海鸟所喜爱的环境。在高水位时期，这些贝壳铺成的平坦滩地成为海鸟理想的栖息场地。整个大坝成为与水鸟互动的空间，白色的鸟会选择白色的贝壳，黑色的鸟会选择黑色的贝壳（图4-15）。

4.3.2   适应变化的发展过程框架制定

自20世纪70年代开始，运用过程方式推动项目发展的设计方法已经成为许多风景园林师重点研究的方向。他们不仅注意到了当代都市的高度变化和不可预知的特性，还从多方面向着更动态

图 4-14 瓜达鲁普河公园的波浪状起伏地形（来源：王向荣，林箐，《西方现代景观设计的理论与实践》）

图 4-15 东斯尔德大坝（来源：王向荣，林箐，《西方现代景观设计的理论与实践》）

的和更具活力的方向推进环境演变过程。该过程被视作项目的发动机，通过回应变化的社会需要，推进公共空间的形式和组织的逻辑[18]。

景观基础设施理论通过有意识地引导影响基础设施的多种动态性因素，包括运用自然演替规律促进景观基础设施发展，考虑社会公众使用和未来功能变化影响等，形成一个能够推动基础设施不断发展变化的过程引导框架。弹性发展框架将构建一条从历史到未来的时间轴线，为场地的发展设计了一系列从封闭到开放的动态过程，并为未来的突发事件提供一种变化的可能性。随着使用的持续，该类型的公共空间将在开放的框架下最大限度地自由发展[19]，并处于不断的调整状态，形成最适合未来城市公共生活需要的形式。

有些基础设施具有极高的自身组成和相互联系的复杂度，规模非常庞大，影响其因素也很多，所以通过一个单一的设计很难将其完成，有必要制定考虑多种尺度和系统，能够整合多种因素的过程发展框架，采用阶段性的介入方式，逐渐化解消极影响，整合优势资源，推动景观基础设施的持续发展。

纽约清泉公园（Fresh Kills Park）的前身是占地面积约900hm²的垃圾填埋场。由于其巨大的尺度规模和周边的哈德逊河口湿地生态环境，以及考虑到未来建设发展中需要面临的来自政治、经济和环境等层面的诸多不确定因素的影响，该工程具有很强的复杂性，对公园设计的模式也提出了新的挑战。詹姆斯·科纳主张通过一系列富有想象力、技术性的初期引导机制和建设项目来启动场地的转型，并在转变过程中允许承载更多的事件，容纳更多的公共功能和活动，使公园具有适应未来变化的持续改变能力。方案认可场地特征的变化性，主张在时间和空间上减少遏制个性特征发展的行为，承认景观不能被完全掌控和界定[20]，并提出了一个持续30年的规划框架。正如他所说的："一个好的策略是一个严密的组合计划（无论空间、主题，还是具体的实施措施），同时应当具有一定的灵活性，从而在结构上可以对环境的变化做出适应性的改变。"[21] 在发展过程框架的制定中，设计师更加关注场地转型的方法和过程的设计，把其空间开发框架划分为"播种"、基础设施、项目实施和适应调整四个发展阶段（图4-16），其中前三个阶段是公园30年建设的主要发展方向，适应调整阶段则保留了进一步发展的可能性，以应对不断变化的需求和状况。在"播种"阶段主要规划了一系列对于公园发展具有重要意义的

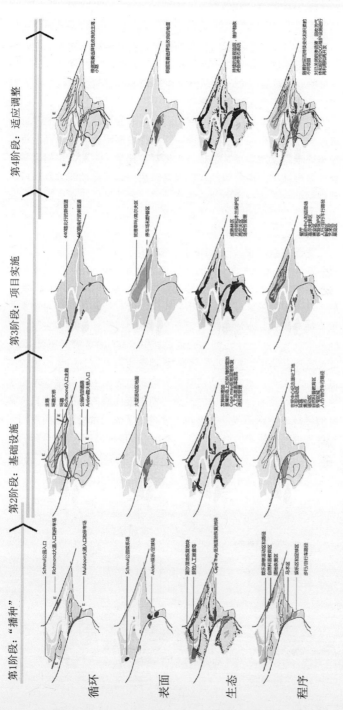

图 4-16 纽约清泉公园阶段发展过程框架图（来源：F0 景观设计事务所）

关键启动项目点，作为激发整个场地演变的"种子"，并引起公众的好奇心，使其重新回归公众的视野。在基础设施建设阶段，设计师借鉴了城市发展的"网格化布局"模式，通过基础设施网络骨架的建设，将整个场地划分成具有不同个性的独立区域[22]。基础设施将为不同区域的发展提供催化助力的效果，并在场地的发展过程中，逐渐拓展出新的网络和联系，为场地进一步的项目扩展提供可能。在项目实施阶段，规划将为不同区域创造可供市民参与的项目使用场地，包括自然体验、纪念、运动、休闲、科普等一系列活动，为公园注入新的公共活力。在最后的调整阶段，规划将结合周边城市更新、生态演替、公共进程和使用需求的发展以及由此产生的新的变化和机遇对公园的未来进行调整，成为一个持续变化、有生命、有活力的"生命景观（lifescape）"。

　　美国波特兰市（Portland）的塔博尔山（Mt.Tabor）是一个总面积约为60h㎡的城市公园，在其内部有三个建于19世纪末期的城市水库。对水库的维护和管理影响了区域自然动植物群落的发展，严格限制了区域内的城市居民活动，也切断了区域内正常的水文循环模式。水库由于缺乏资金投入而没有被改造和更新，已经严重老化，并处于不断的衰退过程中。在这样的背景下，Stoss LU景观设计事务所提出了一个对场地进行再利用、恢复和重建的策略，从人类、水文和动植物栖息地三个方面着手对塔博尔山水库进行改造更新，使其成为一个不断发展完善的系统。规划方案针对区域的特殊情况，并不是单纯设计完成一个公园，而是回应项目本身的挑战和机遇，建立一种长期发展的结构（图4-17）。规

图4-17 塔博尔山水库的发展过程框架（来源：Stoss LU，《国际新锐景观事务所作品集Stoss LU》）

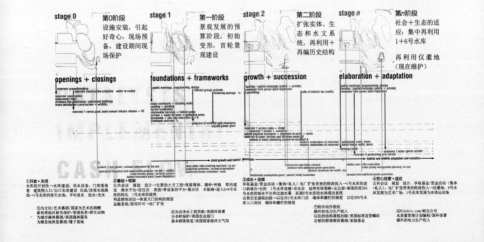

图4-18 塔博尔山水库公园（来源：Stoss LU，《国际新锐景观事务所作品集 Stoss LU》）

划中对整个场地的资源进行了综合的考虑和统一的协调，形成一个具有复杂层次的项目发展系统，其目标是经过一定时间的基础设施建设，在战略上、结构上和经济上催生出一个开放空间，恢复与重建生态资源，实现预期的三方面效益。在具体的实施过程中，建立一个连锁反应的机制，通过最小限度的短期干预产生显著的长期变化，融灵活性和适应性于一体[23]（图4-18）。

4.4　景观艺术介入——重塑现代基础设施的美学特征

现代基础设施从产生之初起，形式逻辑就主要遵从其所发挥的功能和采用的技术，而缺乏对美学的关注。它们通常具有明显的现代工程特征，采用一种标准化的"极简"形式，充斥在城市的各个角落。这些工业化、标准化的基础设施发展模式满足了现代城市快速建设的需要，在一定时期内，甚至被认为是现代化的象征，成为各大城市竞相追求的目标。

但这种拥有巨大体量、冰冷的色调，并缺乏创造力形式的基础设施很难让人产生愉快、可亲近的感觉，在大多数的时候令人感到枯燥和乏味，通常会被忽视，并尽可能被隐藏。一部分基础设施（如污水处理厂、垃圾填埋场、排水渠）更是给人留下肮脏、厌恶的印象，很难让人产生好感，使人都想远离它们。

景观设计是一门艺术性的创造活动，与其他艺术形式有着明显的联系。艺术为景观提供了最直接和丰富的灵感来源，并被有针对性地转化为可以解决实际问题和可以被使用的形式[24]。景观可以将艺术转化为基础设施的设计语言，并在满足基础设施功能的前提下，重塑基础设施美学。

景观基础设施被重新赋予了美感，包括基础设施的形态、尺度、色彩等多个方面，使其更容易被公众所接受和喜爱，甚至产生强大的社会吸引力。这些基础设施将给人留下鲜明的印象，一部分有可能成为环境的焦点，甚至成为城市的空间标志。

在迈阿密机场的隔音墙项目（Miami International Airport Sound Barrier）中，风景园林师玛莎·施瓦茨（Martha Schwartz）抛弃了呆板的传统隔声墙的工程方法，在满足隔音要求的同时，提出了"用阳光激活墙体的想法"，在墙上设计大小不同并镶有不同颜色彩色玻璃的圆洞，在阳光下闪现不同颜色的光环，使隔声墙充满生机，并将墙体表面肌理设计成与地形变化相呼应的曲线形式，产生了丰富的空间变化（图4-19）。

风景园林师凯瑟琳·古斯塔夫森（Kathryn Gustafson）以"飞翔"为灵感设计的法国电力路标塔（EDF Pylons）（图4-20）和具有大地艺术特征的莫不拉斯水库公园（Retention Basin Park）（图4-21）也都颠覆了传统的基础设施形态，利用创造性的艺术手段，形成了一种具有景观视角的新的基础设施美学。

图4-19 迈阿密机场的隔音墙（来源：MSP景观设计事务所）

图4-20 法国电力路标塔（来源：简·阿密顿，《移动的地平线——凯瑟琳·古斯塔夫森及合伙人事务所的景观设计学》）

图4-21 莫不拉斯的水库公园（来源：简·阿密顿，《移动的地平线——凯瑟琳·古斯塔夫森及合伙人事务所的景观设计学》）

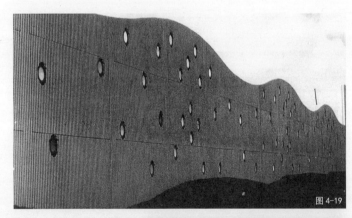

图4-19

图4-20

图4-21

4.5　地域特征融入——创造立足本地环境的多元模式

自工业革命以来，现代化已经成为全世界城市所共同追逐的发展目标之一。雷姆·库哈斯（Rem Koolhaas）甚至将城市称为"现代机场"，提出了"普通城市（generic city）"这一概念，认为现代城市应当不再具有"个性"[25]。受到这种全球化思维的影响，大多数现代城市看起来都如出一辙，都在被一种国际化的现代城市风格所侵蚀。城市基础设施也是其中的主要受害者，在全球化的影响下逐渐丧失个性。这些标准化的现代基础设施几乎不受场地条件的限制，而是以一种通用的形式开始在全球蔓延。

"因地制宜"的设计理念应当贯穿到景观基础设施的设计当中。基础设施不再是单纯地满足工程标准的要求，而开始更多地考虑其所处的周边环境和地域特征，强调地域生存智慧的运用。也就是说，景观基础设施的设计和实施需要通过对这些综合地域因素的整体考虑和协调，有针对性地提出具有更强地域适应性、更高本地功能效率以及与周边环境更加和谐的具有创造性的景观基础设施形式。

4.5.1　尊重场地条件的多元设计形式

目前，工程师为了满足城市快速发展、建设的要求，很多时候采用一种"万能"的模式，将基础设施建造得千篇一律。在这一过程中，基础设施所处的场地环境被彻底忽视，无论是在山区还是平原，都可以看到城市空间被宽敞、笔直的马路划分为一系列格网；许多城市河道被截弯取直，改造成统一的混凝土硬化渠道；大量自然集水洼地被修筑堤坝填平用于城市建设。先进的现代工程技术虽然可以赋予现代城市强大的能力去征服自然，使基础设施仅仅依靠一个特定的标准流程和模式，就可以迅速应用于各种尺度和条件的城市环境，但这种标准化的做法也使其隐含了大量的危机。基础设施需要从单纯的标准化工程模式中脱离出来，探索一种更加回应场地条件的设计形式。

对场地现有资源进行整合是景观所具有的重要功能之一。景观基础设施不再拘泥于单纯的机械工程形式，而强调顺应场地不同的生态条件和环境特征，因地制宜地开展创造性的设计，使其能够更好地满足不同场地的要求，最大化地降低对周边环境的影响，高效地实现系统的最优化配置。

在上海崇明岛新区的崇启高速公路生态景观规划中，AECOM设

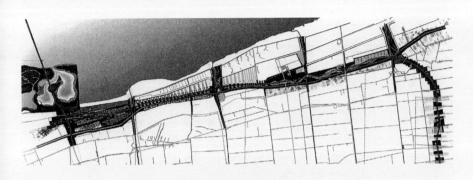

图 4-22 崇启通道景观规划（来源：整合生态与景观的绿色高速公路,《风景园林》,2009 年第 3 期）

计公司首先对潜在道路用地的生态、景观资源和土地属性进行了综合的评价，并以此为依据对道路的选线进行了优化，结合不同场地要求，提出了多样的道路断面形式，从而保护重要的生态、文化资源不受破坏，并可以沿途欣赏最具特色的优美风景。而且，方案并没有像传统的基础设施附属绿地规划一样，沿道路设计等宽的防护林带，而是根据高速路所穿越的不同场地条件，依托高速公路串联周边具有潜力的生态用地，培育乡土植物景观，赋予栖息地廊道和雨水管理功能，构建了一条能够展现崇明岛特色、与环境相和谐的绿色多功能景观生态廊道[26]（图4-22）。

4.5.2 赋予独特的地域生存智慧

在历史上，荷兰的风车、圩田，中国新疆的坎儿井、黄河流域的水车、成都的都江堰工程等都是针对不同的地域特征，经过长期的生存适应，而创造出的高效、实用的基础设施形式。但是，现代基础设施通过不断的技术革新，在设计和建造的过程中，已经完全忽视了地域间的差异。

景观基础设施需要从地域特征中寻找灵感，创造一种扎根于本地，体现生存智慧的形式。这种地域性的赋予具有非常宽泛的内容。从形式风格上讲，景观基础设施的地域性不是追求一种地域形式符号，而是需要采用一种因地制宜、与环境相协调的本地形式，在材料、色彩、结构、植物、工艺、工程技术等方面都要区别于其他地区，以体现极强的本地适应性。从功能发挥上讲，景观基础设施的设计应当从许多具有先民智慧的，在生存实践中不断摸索完善的本地传统基础设施中获得启示，不应当只是依靠先进的现代技术，而是应当根据不同地域的气候、文化等条件，探求更加适合自身地域条件的技术途径，创造具有地域针对性、更高效和廉价的景观基础设施模式。

内格夫沙漠（Negev Desert）的侵蚀治理工程就是一个符合以色列干旱气候区域特征的卓有成效的景观基础设施形式（图4-23）。为了控制径流对该区域造成的土壤侵蚀，以色列施罗墨·阿罗森建筑事务所（Shlomo Aronson Achitects）在设计中对易遭受侵蚀的峡谷进行了重新分级，用小型土坝进行围合，形成一个个小型的台地，并在新形成的具有集水功能的台地上种植乡土耐干旱植物。在水流较大的汇水谷地，则通过在河道中铺设木桩和树枝，增强谷底的蓄水功能，还可以通过滞留土壤促进植被恢复。景观基础设施充分考虑了区域的半干旱的气候状况，在建成以后无需人工灌溉或其他任何后续养护工作就可以实现自我维持。目前，该工程已经明显改变了区域的自然生态环境，逐步成为区域的动植物栖息廊道，并且已经成为附近居民休闲游览的一个新的城市公园[27]。

4.6　媒介效益激发——作为社会和区域促进的催化剂

景观基础设施将更多地考虑基础设施在环境和社会等方面所产生的效益，并建立基础设施与经济效益间的紧密联系，尽可能实现效益转化，促进三者的平衡发展。

考虑到基础设施的公共性特征，景观基础设施要求在设计过程中注重对社会促进和市民支持等方面的研究（图4-24）。在与基础设施的结合过程中，景观所发挥的重要功能之一就是要影响社会民众和城市管理者，并以景观基础设施所产生的显著综合效益来证明城市基础设施的服务品质不仅不会受到影响，而且会得到增值，从而获得更加广泛的社会支持，推动基础设施在城市中发挥更大的作用。

图 4-23　内格夫沙漠侵蚀治理工程（来源：希冀、成见、美，《景观设计学》，2010 年第 5 期）

图 4-24　那不勒斯垃圾危机（来源：http://www.chinadaily.com.cn）

图 4-23

4.6.1 向公众展示和发挥教育功能

每个城市居民都生活在基础设施构筑的世界里，每天都在享受基础设施所提供的服务。通常市民会对城市基础设施建设产生很高的关注度，注重基础设施为他们带来的直接便利以及对城市环境和自身生活是否可能产生不利的影响。但传统基础设施并没有注重与城市居民的互动，没能积极引导这种市民关注。

景观基础设施的设计被赋予了更多的社会公共引导职能，注重发挥强大的社会展示和生态教育作用，使基础设施跳出在城市中通常被"隐藏"的尴尬境地，通过回归公众视线，加强与公众的交流，让市民更加清晰地了解它的功能和原理，并切身感受到它所带来的好处，从而使其被更多的人所接受。同样，公众环境意识的增强，对景观基础设施关注度的提高和支持的增多，也可以作为景观基础设施的强大社会推动力量，为未来基础设施更新创造更多的实施机会。

图 4-25 都市雨（来源：都市雨，《景观设计学》，2010 年第 5 期）

位于加利福尼亚州圣何塞市的都市雨（Urban Rain）项目（图 4-25），除了发挥雨水管理功能以外，另一个重要目标就是"激发

人们对自然环境的感恩之情，感谢自然系统维系着我们的生活"。精心设计的"指纹雨水口（thumbprint filter）"和"水流过滤装置（coyote creek filter）"可以实现屋顶雨水的收集、过滤和保存，并将整个管理净化过程以充满吸引力的方式展现出来，使公众能够清晰地了解整个雨水管理景观基础设施的功能原理和价值[28]。

4.6.2　成效可量化和成果可推广

景观基础设施的实施能够实现多种功能目标，满足多种综合使用要求，并且其功能可以被衡量。

它的研究和设计通常针对某一类城市基础设施所产生的问题，从而在整个城市甚至区域范围内都具有一定的可借鉴和启示意义。景观基础设施需要通过科学的方法对其可能产生的效益进行预先评估。景观基础设施的实施也改变了传统基础设施的面貌，成功展示了基础设施拥有更多功能和发挥更大价值的可能性。其自身的功能效果和展示形式使其可以作为一个基础设施再生的样本，唤起对区域内其他基础设施进行改造的强烈社会愿望，为景观基础设施的建设带来更多的机会，从而实现景观基础设施在城市和区域范围内的推广。

波特兰市的绿色街道项目（Green Street Project）已经成为一个景观基础设施的典范，该项景观基础设施低成本、完美地解决了在现有城市街道中寻找到足够的空间来进行建设的问题，并且不但不与其他街道元素产生冲突，同时创造了优美的街道环境和舒适的步行空间，还在街道的雨水处理设施旁安置了很多标志牌，描述雨水景观基础设施的功能原理和运行方式。波特兰市每年都会迎接大量的参观和考察团队，已经产生了"令人惊奇的旅游吸引力"，并由此产生了强大的推动效力，使得景观基础设施不仅在波特兰市得到大量普及，而且在美国其他城市也得到推广，所产生的效益总和是惊人的（图4-26）。

加州圣莫尼卡城边缘社区改造项目（Borderline Neighborhood Improvement Project Proposal）对美国典型的窄巷（alley）进行了改造。这种窄巷位于城市住宅社区的房屋之间，通常采用混凝土硬化路面，是专门用来进行社区垃圾清理的市政基础设施。通过改造，它们的潜能被重新挖掘出来，成为小型的休闲廊道、林荫路、健身场地、袖珍社区花园、小型社区农园和其他功能用途的空间，为周围社区和整个城市带来了可以直接感受到的综合效益和活力。并且，这种方法和思想可以得到大规模的推广和普及，因为在整个

图 4-26 波特兰绿色街道（来源：www.asla.org）

图 4-27 加州圣莫尼卡城边缘社区改造项目（来源：SWA 景观设计公司）

洛杉矶至少有 1450km 长的类似窄巷，它们加在一起的总面积将超过 8km^2，相当于纽约中央公园的 3 倍（图 4-27）[29]。

4.6.3　推动区域更新发展的催化媒介

由于许多基础设施在设计、运行的过程中，对周边城市区域缺少整体的考虑，加上受到污染、安全、噪声等基础设施的负面干扰，使得许多基础设施周边区域受到不同程度的影响，表现出环境恶劣和发展相对落后等困境。

景观具有改善城市环境，协调区域发展的能力，已经成为一种城市综合协调，推动更新发展的有力手段，可以带来周边土地品质的显著提升。景观基础设施并不局限于对基础设施自身形式、空间、功能等问题的研究，而是扩展到区域的视角，通过对基础设施及其周边环境的协调考虑，挖掘基础设施在周边区域发展变革中的催化价值，改善整个基础设施区域的环境质量，为城市发展注入新的活力。

从宏观上讲，景观基础设施不仅是城市基础服务功能的载体，更是一个能够将整个区域联系在一起的多功能网络，通过景观基础设施可以有力地促进周边区域的再生，实现基础设施与其周边区域的整体融合发展。

2002 年，SWA 景观设计公司完成了杭州湖滨步行街和商业街区总体规划，通过对基础设施的改造和重建，带动了整个区域的更新和旅游发展。区域位于杭州西湖的东岸，是杭州"国宝级"的重要历史街区，但是一条城市快速路沿湖滨穿过将城市与西湖彻底分隔开来，致使区域整体环境受到严重影响，区域作为湖滨公

共休闲空间的社会价值和经济价值都没有得到充分的发挥。方案
提出在湖底挖掘一条隧道代替湖滨路满足机动车交通功能，并对
原有湖滨路进行改造，使其成为一个多功能的滨湖步行观光带。
改造后的湖滨路成了一条长约650m、宽约40m的景色优美的带状林
荫公园和深受市民喜爱的滨水开放空间，重新建立了周边区域与
西湖的联系（图4-28）。景观基础设施设计和发展策略成为区域发
展的强有力的催化剂，为整个区域注入了新的活力[30]。

　　大都会建筑事务所（OMA）与都市实践事务所（URBANUS）在
2008年以"水晶岛"方案赢得深圳创意中心规划的国际竞标。整
个项目是一个大型的城市交通枢纽，但设计师并没有将其单纯作
为一个城市基础设施，而是"首先将出发点定位于城市环境和文

(a)

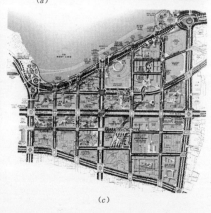

(b)　　　　　　　　　　　(c)

图4-28 杭州湖滨步
行街和商业街区总体
规划（来源：SWA景
观设计公司）
（a），（b）实景
（c）规划平面图

脉两个方面，更加注重与城市的结合，使其成为促进区域再生的发动机"。方案用基础设施将周围原本分散的城市创意功能区块联系起来，使整个区域成为具有多元功能、不断向周边扩展的开放性景观。通过景观基础设施对区域进行整合，使该区域成为新的"城市焦点"[31]（图4-29）。

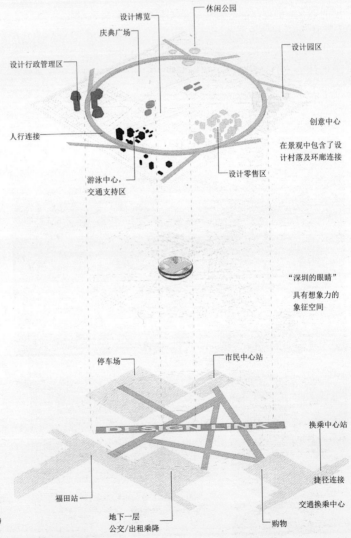

设计博览
休闲公园
庆典广场
设计园区
设计行政管理区
创意中心
在景观中包含了设计村落及环廊连接
人行连接
设计零售区
游泳中心，
交通支持区
"深圳的眼睛"
具有想象力的
象征空间
停车场
市民中心站
DESIGN LINK
换乘中心站
福田站
捷径连接
地下一层
公交/出租乘降
购物
交通换乘中心

图 4-29 深圳水晶岛交通枢纽（来源：深圳水晶岛规划设计，《风景园林》，2009年第 3 期）

第 5 章

流动景观
——水利景观基础设施

5.1　硬化河渠的自然化再生

许多城市的产生和发展都与其周边的河流息息相关，而且随着城市的发展，河流在城市中发挥的功能也在不断地发生着变化。在城市产生的初期，河流为城市居民生活提供洁净的水源，是城市的商业核心和主要的交通运输通道。随着城市规模的不断扩大和工业的发展，城市污染不断加剧，河流成了最直接的污水排放场地，致使河水遭到严重污染，其他功能逐渐丧失。随着城市的进一步扩张，许多河流还被混凝土包裹起来成为工程化的城市排洪通道，或被填埋起来而逐渐远离城市的日常生活。

当今，城市河道已经成为一项重要的基础设施工程，受到一系列城市规划和工程设计标准的严格控制。为了满足行洪需求，许多城市河流的原有形态被重新设计，将河道截弯取直，以便在洪水来临时，能够使洪水快速地从城市排走；为了能够抵抗洪水对河岸的冲刷，减少河岸占用的空间，以便获得更多的土地进行城市建设，大量城市河流被修建成混凝土硬化河渠，其原有的滨河自然生态环境被完全破坏，生态功能丧失殆尽；一些城市河流被覆盖为地下暗渠，甚至有一部分河渠被填埋，以获得更多的城市建设土地，原有的连贯的城市水系被切断。城市河道基础设施工程已经完全忽视并严重破坏了河流的生态、社会、经济价值，并使河流与城市完全隔离开来。许多河流沿岸被机动车道占据，绝大部分城市河道已经成为城市中环境恶劣、发展落后的区域。最初修建河道基础设施工程所预期的防洪、治污和美化功能也并没有得到有效地实现，反而逐渐产生了一系列更加严重的城市问题。

一直以来，城市河流都是城市区域中最重要的自然资源，是城市最主要的生态功能载体。硬化河渠的自然再生要顺应其特有的自然法则，将河流重新作为一个复杂的有机生命体，明确其除了承载水流之外，还具有多种自然生态价值，包括水量调节、水质净化、雨水汇集、提供多样的滨河动植物栖息地等复合功能，并有能力抵御周期性洪水的影响。而且，河流自然再生设计需要利用其附属空间形成能够为观光游览、休闲游憩、运动健身等多种类型活动提供场所的户外滨水开放空间，使河流富有活力，重新回归居民的日常生活。

硬化河渠的自然再生不仅能够促进城市河道更新，还能够使河道周边区域得到更新发展。不同于沿河修建步行路和绿化景观带，景观基础设施策略注重将基础设施、开放空间、自然生态、区域整合发展等项目结合起来，将自然引入城市，重新赋予河流在城市生态、文化、社会和经济等方面的多种价值，强化河流在城市中的重要作用，是未来城市发展变革的重要战略因素。

1. 布法罗河湾休闲带（Buffalo Bayou Promenade）

布法罗河位于美国休斯敦市，是一条自然状态被完全改变的人工工程河渠；先是周边植被被完全破坏，接着河道被工程改造，沿河堤修建城市建筑，随后利用河道剩余空间修建了城市高架快速路，最终使布法罗河逐渐成为一条城市污水的排放渠道（图5-1）。

SWA景观设计公司负责对这条超过3km长的极具挑战性的河道及其周围城市环境进行总体规划，并在2006年先期完成了布法罗河湾休闲带的建设，使这个曾经垃圾满溢、污水横流的荒废区域转变为富有活力和多元价值的景观基础设施，成为一条贯穿城市的多功能绿色走廊（图5-2）。这也使其成为自1836年休斯敦建城以来，该城的城市河道公共休闲功能得以发挥的最成功的案例之一。

与传统公园有所不同，布法罗河穿过休斯敦市中心，这里立交桥林立、环境嘈杂，具有典型的城市特征，所以布法罗河湾休闲带项目需要应对包括沿河修建的城市高速路，与城市存在的巨大高差、狭窄的河流空间和河道防洪堤等在内的多种复杂城市条件。ASLA（美国风景园林师协会）奖项评委在宣布该项目获奖时

图5-1 布法罗河改造前（来源：SWA景观设计公司）

图 5-2 布法罗河湾
休闲带（来源：www.
asla.org）

称赞道："布法罗河湾休闲带可以作为一个城市河道工程改造的典
范。风景园林师通过巧妙的设计使一个城市立交下的荒废基础设
施空间转变为一个全新的城市公共空间，使整个城市河道空间得
以再生。"

　　该项目不仅是一个河道自然修复工程，更创造了一条贯穿城
市西南面的河流生态廊道，创造了一个更加生态、高效的城市基
础设施。在设计中，通过修建缓坡驳岸和坡道的方式，使河流两
侧的城市居民可以方便地进入河区。河岸采用装满石块和城市废
弃混凝土砌块的金属笼进行加固。这些金属石笼表面具有大量的
空隙，不仅具有更强大的抵御洪水冲刷的能力，而且石笼表面的
多空结构使野生动植物能够更好地生长，可以营造一个小型的动
植物栖息环境。项目同时沿河岸种植具有本地特色，能够适应河
岸生态环境的植物，恢复滨河的自然景观（图5-3）。

　　由于休斯敦市仍然会受到严重的城市洪水影响，布法罗河的
设计非常注重河道的防洪功能——通过计算机水文模型对城市
洪水进行模拟，以确保河道的改造不会影响城市的泄洪功能。此
外，整个河道设施的设计也都考虑了洪水的影响，保证其在洪水
过后不会遭到破坏，仍然可以正常使用[1]。

　　布法罗河项目非常注重城市公共休闲功能的引入。改造后的
河道将休斯敦市中心、城市河道和公园重新串联起来，并在沿岸
设置了小型剧场、滨水码头、休闲草地和健身运动场地等户外活
动空间，深受步行者、自行车爱好者和划船者的喜爱（图5-4）。

图 5-3 河流堤岸被石笼墙和本地植物修复（来源：SWA 景观设计公司）

图 5-4 具有多种公共功能的布法罗滨河休闲区（来源：www.asla.org）

为了使整条河道在夜间也可以被安全使用，灯光照明设施也被进行了精心的设计，光照强度和灯光颜色随月亮的盈亏而发生变化。河道还设计了充满艺术感的步行桥，并每隔一定距离就设置楼梯和连接通道，从而将河道与其周边城市重新连接起来[2]。

2. 阿勒格尼滨河公园（Allegheny Riverfront Park）

早在1911年，著名风景园林师奥姆斯特德就沿美国宾夕法尼亚州的阿勒格尼河的南岸规划了一条带状城市公园。但是，在现代工业城市崛起和基础设施迅速发展的年代，这个提案并没有得到实施。取而代之，这个区域最终发展为城市快速交通通道和进行洪水控制的基础设施工程，并逐渐沦为只有机动车穿行和洪水流过的城市"真空地带"。直到1994年，为了改善由于经验不足而造成的基础设施设计疏漏及其产生的负面环境影响，MVVA设计公司才被重新委托进行该区域的更新。

　　项目面临一系列严峻的挑战。建立城市与河道间的联系首先需要消除二者之间存在的约7.5m的垂直高差。两条从河道中央穿过的城市快速路也严重限制了居民的进入。由于现有城市快速路的限制，河道空间有限并难以扩展，将自然和社会功能重新引入河道需要采用特殊的方法。此外，滨河空间建设还需要考虑应对季节性洪水的防洪要求。

　　设计师迈克尔·瓦肯伯格（Michael Van Valkenburgh）在介绍项目时称："首先需要解决的是如何在现代条件下，将一个无可救药、复杂纠结的基础设施（挡水墙、道路、桥梁）转化为城市资产。我们的方法不仅是为了克服这些障碍，还需要创造性地设想如何使公园与这些压倒性的、必须保留的基础设施统一共存。"依托创造性的设计手段和独特的技术解决方式，整个区域将最终成为市政基础设施、公共服务设施和自然系统功能相混合的景观基础设施系统[1]（图5-5）。

❶ www.asla.org[2010-10]

　　整个滨河开放空间由上、下两层组成，成为可以将城市和河流编织在一起的新的城市自然景观，同时也使得河流重新成为城市居民可亲近和使用的城市资源。上层空间邻城市道路，为了尽可能降低城市快速路的影响，通过高差和植物种植设计对机动车道进行了隔离，形成了一个优美、舒适的城市开放空间，并在休

图5-5 阿勒格尼滨河公园（来源：http://www.mvvainc.com）

息设施的布置上朝向河道开敞，有意识地将人们的视线重新引向下层河流。在下层空间，由于空间余地不足，主要依托现有河道堤坝设计了悬臂式结构。这种结构可以有效抵抗季节性洪水的冲击，形成满足步行和自行车通行的滨河休闲带。在河道内侧，依托现有河堤支撑结构，结合悬臂平台的改造，设计了自然植物景观带，使冰冷的混凝土河渠重新恢复了自然生机。在植物的应用上，有针对性地选择了可以适应滨河环境的乡土野生植物种类，它们在洪水过后仍然可以自发地生长。滨河植物带上、下层空间通过两个坡道相连，坡道侧面设置钢架丝网让藤蔓植物攀附其上生长，成为隔离视线和交通噪声的绿色屏障。坡道在洪水季节将被封闭，以保证行洪需要和公共安全（图5-6）。

公园也艺术化地改变了基础设施冷峻的混凝土面貌。在下层的混凝土平面浇筑时压印了场地湿地中苇草的形态，来勾起人们对场地原有自然面貌的回忆。沿坡道设计的起伏变化的青铜栏杆也仿佛在邀请居民来体验河流所带来的无与伦比的美感。

阿勒格尼滨河公园在没有影响河道基础设施功能的前提下，最大限度地消除了该滨河区域原本消极的城市影响，并充分挖掘了此区域作为城市公共空间的潜力，使河流成为区域发展的新的动力。在2000年公园建设完成时，整个区域已经成为匹兹堡新的文化街区，可以明显感受到，区域内的剧院、音乐厅和住宅等正在复兴。❶

❶ http://www. mvvainc. com/#PROJECTS/7/14/［2010-9］。

图 5-6 阿勒格尼河道基础设施改造剖面（来源：http://www. mvvainc.com）

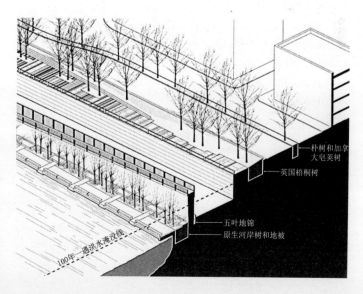

朴树和加拿大皂荚树

英国梧桐树

五叶地锦

原生河岸树和地被

100年一遇洪水淹没线

5.2　弹性防洪景观基础设施

5.2.1　软性生态防洪堤坝系统

随着城市的不断发展，城市规模和人口密度不断增大，洪水对城市的影响和破坏也日益严重，常常给城市居民带来严重的生命和财产损失，成为制约城市经济发展的主要自然灾害之一。在工业革命以后，科学技术的发展极大地增强了人类控制自然和改造自然的能力和信心，为了"彻底"消除洪水灾害的影响，在全世界范围内掀起了以控制洪水为目的的混凝土防洪堤坝工程建设，试图将洪水阻隔在城市以外。这些巨大的混凝土堤坝侵占了原有的水岸空间，对陆地与水岸交界的自然生态过渡区域造成了严重的破坏，使这些过渡区域完全丧失了对洪水进行自然调蓄和对水流冲刷进行缓冲的功能，它们已经由包含多种生态过程和功能的软性边界转变为由高大混凝土墙体形成的刚性边界。

越来越多的教训表明，这些硬性混凝土防洪堤坝存在着一定的安全隐患。尤其是受到全球气候变化的影响，海平面正在逐渐上升，现有堤防系统很难抵抗自然界洪水所产生的巨大冲击力。并且，混凝土堤坝坚硬的特点会使飓风、洪水的强度和破坏力变得更加强大和难以控制，进而造成更加严重的后果。根据统计，自20世纪80年代以来，中国沿海地区的海平面高度平均上升了90mm，其中以天津的上升速度最快，已经达到了196mm[3]。海平面的不断升高正在严重地削弱现有城市堤防基础设施的防御能力，而单纯地对堤坝进行加固和升高已经显示出越来越多的弊端，而且其建设所需的投资也越来越巨大。

软性生态防洪堤坝系统主张利用自然滩涂恢复能力、生物结构和生态工程技术来"软化"防洪堤坝，恢复堤坝的生态弹性，减轻洪水对堤坝的侵蚀损害，提高堤坝的生态稳定性，从而增强其防洪效率，形成弹性高效的生态堤坝系统。同时，堤坝的美学功能和社会使用价值将得到重新考虑，成为可利用的新的城市公共景观资源。

1. 荷兰Waddenwerken堤坝

对于荷兰这种大部分领土位于海平面以下的低地国家，防洪堤坝工程显得尤其的重要。Waddenwerken堤坝长约32km，是荷兰最重要的防洪工程。在全球气候变化的压力下，随着海平面的不断上升以及降水量季节分配的愈发不均衡，洪水对海堤的侵蚀和冲击所产生破坏力不断加强，Waddenwerken堤坝已不再能满足安全需求。

如果按照传统的工程方法，需要将整个32km长的海堤升高扩大，并对其表面进行工程加固处理，整个工程的投入将非常高昂，并且实施难度较大。Hosper景观设计公司在Waddenwerken堤坝项目中引入了海洋潮汐的自然过程，利用盐水沼泽加固海堤，并将设计目光超越堤坝本身，放大到区域的尺度上，在解决堤坝安全问题的同时，实现了区域的生态恢复和整体的可持续发展。

在Waddenwerken地区，潮汐作用通常会在海岸沿线形成杂草丛生的大面积盐水沼泽，成为一个天然、坚固的自然防洪堤坝。设计师掌握了这种自然淤积过程，并与水利专家合作，利用柳树枝条在堤坝外侧编织了一个软坝来加速这种淤积过程。这些盐水沼泽滩涂可以随海平面的上升而不断扩大和延伸，逐渐与混凝土堤坝结合在一起形成一个具有生物活力的防洪堤系统，进而持续满足大坝现在和未来的防洪安全要求，而且几乎不需要任何维护（图5-7）。

项目最终将使Waddenwerken堤坝增加1500hm^{2}的自然浅滩，临水的一侧将作为自然保护区，成为动植物栖息的自然环境，邻近大堤的一侧将为居民提供多样的生态休闲和娱乐体验❶（图5-8）。

2. 牡蛎礁石公园（Palisade Reef park）

自2009年11月至次年1月，美国现代艺术博物馆（MOMA）和P.S.1当代艺术中心共同举行了主题为"上升的潮流（Rising Currents）"国际专题研讨会，以应对由于气候变化而带来的不断

❶ http://english. hosper. nl/index.php? page=dlle-projecten-van-bureau-alle-hosper［2010-7］。

图 5-7 自然堤坝淤积的形成过程（来源：http://english. hosper.nl）

改造前

改造后

瓦登海　　　　　　填充区　　　　　海床漫步区　　漫步区—海岭区　拦海大坝　艾瑟尔湖
　　　　　　　　　低潮水位　　　　高潮水位
　　　　　　　　　　　　　　　　　　　　　　　　　　　　　　　针对夏季水平
改造断面

上升的海平面，以及强度和数量都不断增多的海洋风暴及洪水，并最终选择了五组由风景园林师、建筑师和工程师等共同组成的专业团队来对纽约新泽西州海湾的一片区域分别提出创造性的解决方案。

在展览中，SCAPE景观设计事务所通过与工程师、生态学家和当地海水养殖户合作，提出了牡蛎礁石公园设计方案，利用牡蛎构建具有防洪功能的保护性生物暗礁。方案在海湾内沿堤坝外围设计一个用木桩和绳网组成的三维立体网状空间，形成一个适合本地牡蛎生存的承载结构（图5-9）。牡蛎通过不断地繁殖和生

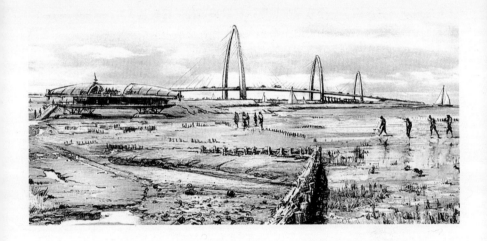

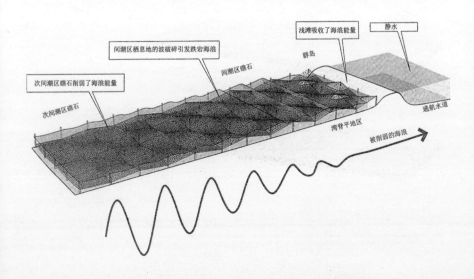

长可以逐渐与现有堤坝结合起来形成一个坚固的生物礁石。这种生物礁石能够适应海洋的水文环境，可以有效降低暴风和洪潮对堤坝的冲击，从而保护和加固现有工程堤坝。只要条件适宜，这种礁石结构会不断地生长更新，成为适合海洋动植物生存的栖息地，形成一个多元稳固的海岸生态系统（图5-10）。而且，这个由牡蛎、蚌类和鳗草组成的生态系统将具有强大的生物净水功能，每天可以净化数千吨海水。

　　牡蛎礁石公园也可以发挥很强的社会价值。通过栈道、平台的设计，能够让居民重新体验湾区牡蛎生产的历史，也可以使这里成为具有生态教育、休闲娱乐、散步健身等多种综合功能的城市公园（图5-11）。

图 5-10　牡蛎礁石堤坝生态循环系统（来源：高斯瓦那运河、红钩区和酪乳峡地区，《景观设计学》，2010 年第 3 期）

图 5-11　牡蛎礁石公园剖面示意（来源：高斯瓦那运河、红钩区和酪乳峡地区，《景观设计学》，2010 年第 3 期）

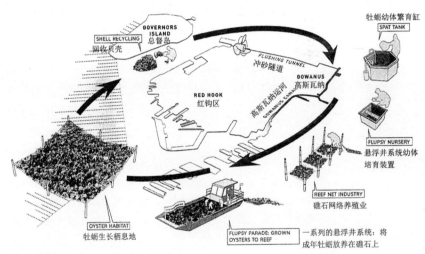

图5-11

此外，公园还建立了一整套结合牡蛎生产的经济自足模式。湾区牡蛎养殖渔民和附近社区居民成为牡蛎养殖和公园维护的主要力量。在未来，牡蛎可以作为一种农业产品进行销售，并推动牡蛎观光旅游的发展[4]。

5.2.2 引导洪水的景观基础设施

在应对洪水的智慧方面，中国古代的大禹早已做了有力的尝试，并总结出"以疏导为主而非围堵"的治水经验。洪水不应当成为困在混凝土牢笼中的猛兽，而应当通过积极的引导，使其朝向对人类影响最小的方向发展。目前，为了处理愈发严重的洪水问题，对洪水进行合理引导无疑是更加安全、有效的防洪途径之一。

引导洪水的景观基础设施需要综合协调场地的环境条件，运用生态方法和科学规划手段顺应自然规律对洪水进行合理疏导，预留洪泛缓冲区域，从而保护城市主要区域免受洪水影响，使洪水成为一种可控的资源。引导洪水的景观基础设施并非以单一解决洪水问题为目标，而是结合水质净化和净化后水的利用实现对水资源的综合管理，并且通过对洪泛区的洪水控制和环境改善，实现潜在洪泛区域的功能再生和活力恢复。

以西班牙萨拉戈萨水上公园（Water Park in Zaragoza）为例：

2008年世界博览会在西班牙的萨拉戈萨市举行，并以"水与可持续发展"作为世博会主题，将会场选在埃布罗河（Ebro）经历多次改道而形成的面积约150hm²的瑞妮拉（Ranillas）河湾上。场地现状是大面积的农田，由于处在河道迂回的拐弯处，水流速度较快，河岸遭受的侵蚀严重，再加上地势平坦，使该场地经常被季节性洪水淹没。如何将这片典型的季节性洪泛平原转化为免受水灾影响的世博会园区是设计的重点。

西班牙建筑师Inaki Alday、Margarita Jover和法国风景园林师Christine Dalnoky合作完成的水上公园成功地诠释了"水与可持续发展"的主题，获得该项目国际竞标第一名，并得到最终的实施。

在方案中，设计师并没有沿埃布罗河修建一道防洪堤坝将整个场地围合起来，或是通过整体提升场地高程来避免洪灾的影响，因为这样做往往代价高昂且收效甚微，并有可能带来更难以控制和危害更大的灾害风险。相反，设计师选择尊重河流的巨大能量和自然变化规律，通过有意识的引导将洪水限制在特定的区

(a) (b)

图5-12 洪水期场地（前后对比）（来源：水上公园，《风景园林》，2008 年第 5 期）
（a）设计前
（b）设计后

域内，使水上公园成为控制和利用洪水的弹性基础设施，进而保证了世博会的核心展览场地不会受到洪水的影响。

水上公园巧妙地结合场地原有的农田肌理设计了一个洪水引导系统。水从河湾的上游通过一个人工控制的水闸引入公园东北部的灌溉水渠，经过连续的植物净化池塘，到达西南部的运河水渠，随后进入河岸区域的水生、湿生林地，最后回到河湾的下游。

设计依据埃布罗河洪水期的水流强度、水量和水位数据进行了综合分析。在暴发洪水时，打开河湾上游水闸将迅猛的河水引入运河，分流河水进而削弱水流在河湾处产生的巨大能量，并通过公园运河系统最终将河水排入下游，使洪水不会失控而淹没整个湾区（图5-12）。河湾内侧的水生、湿生林地也成为洪水的自然缓冲区。世博园场馆区和水上公园内的主要服务建筑、人行步道等设施在洪水高峰期时都不会受洪水的影响，只有预先设计的公园河岸附近的林地、广场等区域在高水位期会被淹没。在25年一遇的洪水期，整个公园仍然可以向游客正常开放。

整个运河水系统还是一个天然的净水设施，使河水可以满足游泳、划船等亲水休闲活动的用水要求，也可以作为整个公园的自然灌溉和排水系统。沿运河还修建了多种居民休闲服务设施，创造了一个充满活力的城市公共空间[5]。

5.3　分散式城市雨水管理景观

受到城市快速发展和全球气候变化的影响，我国城市的雨水排水系统面临严峻的考验。近几年，在北京、上海、广州等大型城市频繁出现的雨水内涝灾害，已经对我国现行雨洪管理措施的有效性提出了质疑，迫切需要探索更加高效、可行的雨水生态管理模式。

自然界中的雨水通过渗透、蒸发、径流等共同作用完成地球水循环的重要过程。但是，随着现代城市化进程的不断发展，城市迅速扩张，自然土地逐渐被大面积的不透水硬化区域所取代。这些硬化表面严重地阻碍了城市雨水的自然下渗，导致在短时间内汇集大量的雨水[6]。因此，同样的降水量会造成城市区域形成远高于自然环境的雨水径流量和径流洪峰，极大地增加了产生城市洪灾的风险。

为了应对这一问题，城市修建了现代雨水排水基础设施，将雨水汇入市政工程的排水系统。但是，这种集中式的工程输送方式，采用了更加封闭和不透水的管道系统来收集更大城市区域范围内的雨水，致使这些管道很多时候不仅难以高效地发挥城市雨水排水功能，反而会带来更加复杂的综合城市问题[7]。

其中的首要问题是现代城市的地下雨水管网都规模庞大，但排水效率往往不高。截至2007年年底，北京市主城区已经拥有雨水管道1386km，雨污合流管道756km，总长度约2000km[8]。这些雨水管网采用机械模式连接为一个集中式的城市雨水输送系统，承载着整个城市的雨水排水功能，面临巨大的压力。倘若整个网络的某一个点出现问题，都将迅速增加系统其他组成部分的压力，甚至造成整个系统的功能瘫痪。雨水管网的地下模式和构造，也使其日常管理和维护比较困难，成本比较高。据调查，北京市近80%的雨水排水管道内有沉积物，50%的雨水排水管道内沉积物的厚度占管道直径的10%～50%，个别管道内沉积物厚度占管道直径的65%以上，管道的排水能力已经严重降低，并且非常容易发生堵塞，致使排水功能失效[9]。许多城市雨水口已经成为垃圾的堆积处，大量污染物质会因此进入雨水中，污染水体。地下排水管难于清理，雨水在通过排水管网的运输过程中也将遭受严重的污染。在雨污合流的情况下，雨水很容易超出城市污水处理的容量负荷而溢出，使得雨水连同城市污水一起排入附近的水体，对整个城市水系生态环境产生严重的负面影响。

已经有证据表明，随着全球气候变化的影响，城市降水分布将更加不均衡，极端降水将变得愈加频繁[10]。如果遵循现有的雨水排水模式，则需要修建更大规模的排水系统，通过管径更大的排水管来缓解日益增长的排水压力，并需要大规模的资金和人力投入。而且，在高密度城市中进行雨水管网更新存在一定的困难，其管理效率也常常不够理想。

目前的城市雨水管理正处于两难的境地。一方面为处理城市的雨洪问题而烦恼，另一方面又为解决目前越来越多的城市水资源短缺问题而费尽心思。城市雨水作为一种极具利用潜力的重要水资源，是补充城市地下水源的主要方式之一，但一直以来都被忽视。以北京为例，自20世纪60年代开始，市区地下水已经累计超采57.04亿㎥，造成北京主要沉降区域达到1800km² [11]。而据统计，年均降落在北京区域内的雨水总量达到100亿㎥，其中汛期（每年6～9月）降水量超过67亿㎥，但这些雨水大都白白流失 [12]。

如何解决城市雨水排水问题，加强城市雨水管理利用已经成为城市水资源管理迫切需要解决的问题。这需要对现有的城市雨水管理理念和模式进行变革，不能只追求让雨水快速离开城市，而是应当从自然界雨水循环规律中寻找灵感，采用一种经济有效、生态环保的方式对城市雨水进行源头式管理 [13]，使其能够被就近储存利用或渗入地下，或在降雨后缓慢向排水管网释放，达到错峰排水的目标，从而降低基础设施压力，实现城市雨水的资源化再利用。雨洪控制与景观设计相结合的措施已经成为在土地资源紧缺、水涝灾害严重的城市中进行雨水管理的一个重要研究方向 [14]。

分散式城市雨水生态管理景观模式主张不再是把雨水向区域外集中排放，而是采用区域分散滞留的雨水管理利用模式，利用多种类型的公共开放空间（公园、广场、建筑庭院、道路绿地等）对其周边城市区域的雨水进行滞留、管理和利用，形成具有雨水收集、净化、渗透以及多种综合公共休闲使用功能的复合型城市景观，最终形成由均衡分散于城市内部的若干独立部分组成的雨水生态管理系统（图5-13）。该系统可以有效滞留雨水，只将多余的雨水延时排入城市管网，降低城市现有排水系统的洪峰压力，从而作为城市雨水管理系统的重要组成部分，高效地发挥城市雨

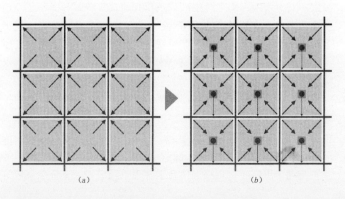

(a)　　　　　　　(b)

图 5-13 传统管网排水模式与分散式雨水管理生态景观模式比较（来源：作者自绘）
(a) 传统管网排水模式
(b) 分散式雨水管理生态景观模式

水生态管理功能，有效地缓解现有城市雨水管网基础设施系统的巨大压力，降低城市内涝灾害的风险，同时带来更加显著和多元的综合效益。

针对现代城市区域建设相对饱和，可利用空间严重不足的现象，雨水管理景观主要以分散在城市中的现存或规划的公共开放区域作为空间载体，在城市公共空间中融合生态雨水管理的功能。它比集中式的排水管网具有更强的可操作性，可以依托城市绿地系统规划，通过对公共空间的合理布置实现雨水管理景观对城市区域的整体覆盖，将公共空间的可达性服务半径转化为生态服务半径，使公共空间在满足城市居民休闲服务的同时，承担对周边区域进行雨水管理的生态系统服务功能。

每一个雨水管理景观所占用的城市空间均较小，可以独立运行，技术也并不复杂，同时采用更加灵活的设计形式，使其在高密度城市建成区域中的建设实施具有很强的适应性。尤其在城市已建成区改造中，面对区域排水管网扩容技术难度大（甚至难以进行）、成本投入高等问题，分散式雨水管理景观将具有更加明显的优势，是一种经济的、可实施的生态雨水管理模式。

通过合理的设计，在不影响城市公共空间的美学价值和休闲使用功能的前提下，可以使其转变为具有生态雨水管理功能的景观基础设施，具体设计策略主要包括以下几个方面。

（1）源头分流。从雨水源头着手，采用分流、渗透、溢流、滞留等方式模拟自然的雨水汇集方法，缓解由于大量雨水汇集而产生的城市排水问题。与对城市大范围的雨水进行集中管理相比，小范围的雨水将更容易被管理利用。结合雨水管理的城市区域面积、暴雨发生率、降水量、持续时间等因素，在雨水生态管理景观设计中，通过科学计算，准确地对中小型降水进行大部分滞留；对于连续强降水产生的大规模径流，先截留利用部分冲刷水流，当水流量超越容纳和渗透极限后，再让多余部分进入排水系统，实现错峰延时排水，保证城市化开发后产生的雨水汇集径流总量和雨洪峰流不超过或略高于开发前的水平，有效降低雨水排水系统的压力。

（2）水质控制。就近直接收集的雨水没有经过地下管道的长距离运输、与生活污水混合等二次污染，污染相对较小。根据城市雨水的不同汇集区域（屋顶、广场、绿地、路面等）和污染情况，有针对性地采用砾石层过滤、植物根系富集、微生物处理等多种物理、生物净化过程，使雨水管理景观成为一个个独立运转的小型"生态机器"，发挥自然新陈代谢的生态过滤和净化功能，实现雨水的净化处理（图5-14）。值得一提的是，整个生态净化区域只需要定期进行清理消毒即可，维护成本较低，但雨水净化效果明显，同时不会带来新的城市环境问题。

（3）资源化利用。雨水生态管理景观收集的雨水可以汇入地面生物容纳池，逐渐渗入地下补充地下水源或蒸发进入城市大气；也可以经由生态净化后储存在地下雨水容纳设施中，作为城市的补充水源，满足厕所冲洗、生态水景、植物日常养护等多种用水需求，缓解城市水资源紧缺的压力，实现城市雨水的资源化再利用。通过雨水生态管理景观的作用，雨水将不再是增加城市排水负担的废弃物，而成为具有利用潜力的重要资源。

（4）多目标功能模式。城市降雨具有历时性，雨水管理景观实现了城市土地更加高效率和复合功能的使用。降雨时，雨水管理景观主要用作雨水管理设施，其空间暂时用来滞留周边区域汇集的雨水、降低径流强度、缓解城市排水压力。在非降雨时期，它成为城市公共空间，发挥多种综合的公共休闲服务功能（图5-15）。雨水管理景观尤其应当注重通过艺术化的设计手法将雨水的管理利用转化为一种可见的过程，使城市居民可以真切体验利用雨水所创造的充满乐趣的景观，从中受到启发和教育。

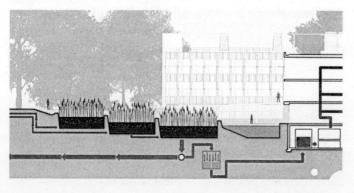

图5-14 净化雨水的人工湿地系统（来源：http://www.archdaily.com/32490/ad-interviews-kieran-timberlake）

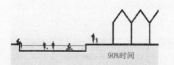

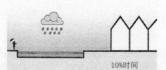

图5-15 雨水管理景观多目标功能策略示意

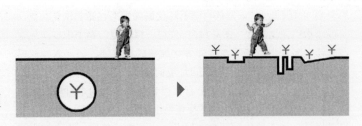

图 5-16 雨水管理景观高效复合投资策略示意

（5）高效复合投资。在现代城市的发展过程中，雨水排水基础设施和城市公共空间的建设都需要投入大量的资金。雨水管理景观可以同时利用两方面的建设资金，在保障功能有效发挥的同时，其建设成本要远低于排水基础设施和城市公共空间二者投资的总和，实现节约双赢的投资效益（图5-16）。城市基础设施的建设投资会成为城市公共空间建设的重要驱动力量；而在城市公共空间中附加雨水管理功能，短期来看虽会增加一定的工程建设成本，但将会带来持续显著的经济、社会和生态效益。

5.3.1　建筑雨水花园

建筑屋顶及其周边环境中的雨水具有较高的利用潜力，可以结合建筑屋顶和建筑户外空间建设雨水管理景观基础设施，对雨水进行收集、净化、贮存和再利用，满足部分建筑用水和景观用水的需求。此外，在满足建筑雨水管理功能的同时，也营造了优美的、具有使用功能的建筑屋顶和外环境景观。

1. 西德维尔友谊学校（Sidwell Friends School）

西德维尔友谊学校位于美国华盛顿州西北部，是一所以"服务于大地"的贵格派主义思想为宗旨的教会学校，主张增强学生对自然和社会的道德责任，这一点在校园的建筑环境中也得到了明确的体现。学校依托庭院为建筑构建了一个精巧的雨水收集循环和再生利用的景观基础设施（图5-17），并因此获得了能源与环境设计指南（LEED）白金等级的评价。

整个中央庭院由一个泥沙过滤池、一系列梯田形式的湿地净化单元和底部池塘组成，是一个高效的雨水收集净化系统，也形成了优美的庭院景观。建筑屋顶雨水和部分废水，以及校园内其他户外环境的雨水都将被收集汇入这个系统，经过循环净化后成为高品质的再生水，输送至建筑储水罐中以满足厕所冲洗等非饮用用水需求，小部分水留在池塘中用来营造景观和进行植物灌溉（图5-18、图5-19）。

图 5-17 西德维尔友谊学校雨水花园庭院（来源：http://www.sidwell.edu）

中央庭院还是学校进行学生自然认知和生态环保教育的户外课堂。在专业人员的指导下，学生们可以了解庭院的植物、动物和雨水收集净化的原理等专业知识，并定期监测庭院的水质和建筑的环境能耗，通过亲身的实践获得生态环境保护的科普知识。

2. TMB屋顶公园

TMB花园位于西班牙巴塞罗那，是一个建于巴士车库建筑上的屋顶花园。该建筑最引人注目的地方是通过景观这个媒介，将屋顶雨水的排水组织、收集设施与公共空间充分融合，为绿色屋顶提供了一个全新的设计模式。整个花园通过引进公共功能，充分利用以往被忽略的基础设施空间，运用创新的设计方法，结合

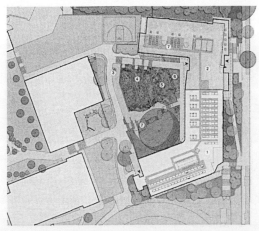

1. 现存中学建筑
2. 新加建建筑（绿色屋顶）
3. 滴滤池和科普展示牌
4. 阶梯状人工净水湿地
5. 雨水渗透花园
6. 雨水收集池塘
7. 户外课堂

图 5-18 西德维尔友谊学校平面（来源：http://pruned.blogspot.com/2009/06/wetland-machine-of-sidwell.html）

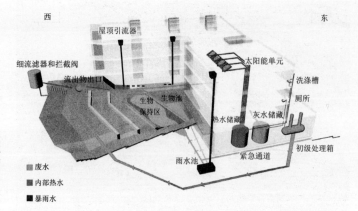

西　　　　　　　　　　　　　　　　　　东

屋顶引流器　　　　　　　　　　太阳能单元

细流滤器和拦截阀　　　　　　　　　　　　洗涤槽

流出物出口　　　　　　　　　　　　　厕所

生物-生物池
保持区　　　　热水储藏　灰水储藏

　　　　　　　　　　　　　　　初级处理箱

雨水池　　紧急通道

■ 废水
■ 内部热水
■ 暴雨水

**图5-19 西德维尔友
谊学校人工湿地系统**
（来源：里埃特·玛
格丽特，亚历山大·罗
宾逊，《生命的系统》：
景观设计材料与技术
创新）

屋顶的结构特征，创造了一个独特的屋顶雨水管理景观基础设施
（图5-20）。

　　Coll-Leclerc事务所的设计是在屋顶结合公共空间设置若干
场地透水"漏斗"收集雨水，并结合屋顶的结构特点，预先设
置了一些限制指标，包括最大为$2000kg/m^2$的屋顶荷载，最小为
$20000m^2$的汇水面积和排水管间隔最大不能超过40m，并按照这些限
制条件来设计花园的景观和布置"雨水漏斗"的位置，同时在屋
顶花园的中心区域安放一个大型的混凝土"漏斗"，以迅速收集暴
雨所产生的大量雨水（图5-21）。

**图5-20 TMB屋顶花园
雨水管理系统**（来源：
D1le1002）

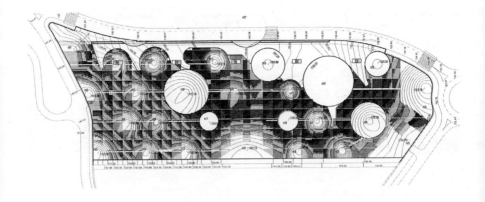

图 5-21 TMB 屋顶雨水
收集系统分析（来源：
D11e1002）

此外，这些"漏斗"空间也成了屋顶重要的公共活动场地。它们由两种不同的材料组成，产生能提供不同空间感受和功能类型的景观空间：由沙土、水、大理石和混凝土构成的"冷景观"和由草坪、攀缘植物和有色橡胶组成的"暖景观"。在"冷景观"区域可以进行诸如滑冰、嬉水、滑板、骑自行车等多种运动性的活动；而在"暖景观"空间可以进行相对安静的休闲活动，如晒太阳、读书、野餐、聚会等。屋顶雨水的收集循环模式决定了屋顶花园独特的空间形态。

5.3.2 雨水管理广场

城市广场公共空间通常都被大面积的硬质铺装所覆盖，在下雨后，尤其是暴雨，往往会导致广场在短时间内汇集大量的雨水，并且直接、迅速地排入城市管网，对城市排水系统造成沉重的负担。实际上，广场公共空间具有发挥城市雨水管理功能的潜力，可以将营建城市公共空间，提升城市环境质量与建设城市雨水管理基础设施等功能要求结合起来，形成一个具有雨水调蓄、过滤净化、储存和再利用功能的基础设施，也可以利用雨水形成优美的广场水景，创造一个深受市民喜爱的城市公共空间。

1. 雨水广场（Water Square）

雨水广场是由De Urbanisten公司和Studio Marco Vermeulen建筑事务所提出的结合城市广场的雨水管理景观研究方案，并在上海世博会最佳城市实践区中的鹿特丹馆作为荷兰城市雨水管理的典型案例进行了展出。

整个广场主要由运动场和山形游乐场两部分组成。运动广场是一个比周围低1m的下沉空间，边缘是供居民休息停留的台阶。

(a)   (b)

图 5-22 雨水广场景观（降雨前后对比）（效果图）（来源：Watersquares – the Elegant Way of Buffering Rainwater in Cities, *TOPOS*, 2010 年第 6 期）
（a）降雨前
（b）降雨后

山形游乐场区包含了多个不同高度的充满趣味的公共空间，可以满足多种不同的使用功能。

在没有降水时，雨水广场与一般的城市公共空间没有区别，但在降水时将成为具有城市雨水管理功能的基础设施（图5-22）。在普通的降雨情况下，广场仍可以正常使用。当降水量较大时，广场及周边城市区域的雨水将逐渐汇入广场的下沉区域，广场将根据水量的变化情况，呈现出富有趣味的动态空间变化。少量雨水只会淹没广场的小部分，形成一个小溪和池塘，成为一个可以嬉水玩耍的游戏空间。当水量增多时，整个雨水广场将被逐渐填满，成为一个可以滞留城市雨水的蓄水池（图5-23）。

雨水广场可以根据一定的降水量标准，设计具有不同容量的蓄水空间，对周边区域的雨水进行统一管理，从而极大地减轻城市雨水管网的排水压力。同时，在城市中广泛分布的雨水广场将有效缓解荷兰的雨水排水问题[15]。

2. 唐纳泉水广场（Tanner Springs Plaza）

波特兰唐纳泉水广场位于波特兰的工业区——普尔区的中心商业街区。在历史上，这块场地是波特兰市最著名的湿地和水流汇集而成的湖泊区域，但在随后的城市开发过程中，这片湿地、湖区被逐渐填埋而消失。

唐纳泉水广场的设计仿佛将时间进行了逆转，使土地又重新回到未开发前的状态——在一块开阔的草地上，潺潺流出的清泉汇入一处湿地池塘，自然在城市中又重现了往日的生机（图5-24）。整个广场深受附近居民的喜爱，优美的自然空间吸引了大量来此聚会、散步的人群。同时，池塘上方的金属围栏上还镶嵌了内含植物种子标本的亚克力玻璃，在太阳的照射下，会呈现出奇异的景象。

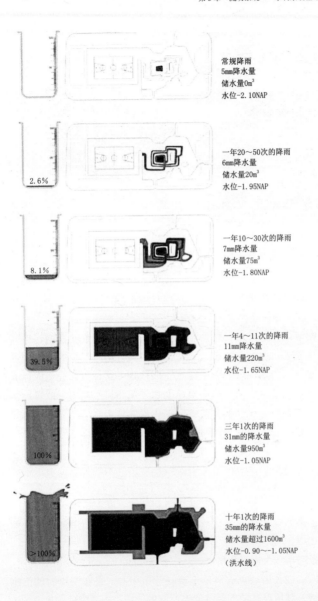

常规降雨
5mm降水量
储水量0m³
水位-2.10NAP

一年20～50次的降雨
6mm降水量
储水量20m³
水位-1.95NAP

一年10～30次的降雨
7mm降水量
储水量75m³
水位-1.80NAP

一年4～11次的降雨
11mm降水量
储水量220m³
水位-1.65NAP

三年1次的降雨
31mm的降水量
储水量950m³
水位-1.05NAP

十年1次的降雨
35mm的降水量
储水量超过1600m³
水位-0.90～-1.05NAP
（洪水线）

图 5-23 不同降雨强度时的广场（来源: Watersquares— the Elegant Way of Buffering Rainwater in Cities, *TOPOS*, 2010年第6期）

　　整个广场不仅是一个满足周围城市居民休闲功能的户外空间，同时也成为对附近区域雨水进行管理的景观基础设施。降落到周边街道、建筑和广场自身的雨水都能够汇集到广场区域，经过植物的生态净化后汇入一个小型的池塘，并逐渐向地下渗透，当降雨量过大时，多余的雨水才排入市政管网（图5-25）。

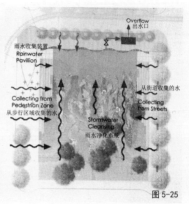

图 5-24 唐纳泉水广场(来源:《景观设计》杂志社, 《世界前沿景观设计 TOP50》.)

图 5-25 唐纳泉水广场雨水管理模式 (来源:《景观设计》杂志社, 《世界前沿景观设计 TOP50》)

5.3.3 雨水管理绿色街道

现代城市拥有的大面积道路和停车场空间，是城市中主要的硬化不透水区域之一。由于其在现代城市中所占据的面积较大，因此，在降雨时会汇集大量的雨水。

在城市外围区域，这些汇集的道路雨水就近直接排向道路两侧的土地中，但是在城市建设密集的区域，道路汇集的雨水则通常通过道路雨水口进入地下排水管网排走。这种方式会造成巨大的城市道路排水压力，当降雨速度超过道路排水能力，或者雨水口发生堵塞时，往往就会在道路上积聚大量雨水，严重影响道路的正常通行和交通安全，而且也造成宝贵的城市雨水资源的巨大浪费。

城市道路和停车场完全可以结合绿化成为具有城市雨水管理功能的景观基础设施（图5-26），就近对道路和停车场的汇集雨水进行过滤净化，并使雨水逐渐渗透到地下，补充土壤水分，同时收集的雨水可以作为绿化植被的养护用水，改善街道和停车场的景观环境。

以西南12大街绿色街道（SW 12th Avenue Green Street）为例：

西南12大街绿色街道位于波特兰市中心，是在密集的城市建成区域，利用现有城市街道基础设施进行城市雨水管理的典范。

设计师采用了巧妙、高效的设计形式，使街道汇集的城市雨水流入一系列具有植物过滤净化功能，能够将雨水渗入地下的种植池中，种植池的设计数量和单个面积、深度都经过科学的计算以满足街道雨水管理的功能要求。按照设计，西南12大街共设置4个1.2m×5.2m的种植池，道路汇集的雨水首先会汇入第一个种植

图 5-26 停车场雨水花园（来源：http://greenworkspc.word-press.com）

池，当超过单个种植池的渗透能力后，雨水从出水口流出进入第二个种植池，依次类推（图5-27）。

这些种植池的结构和原理简单，而且形式灵活，可以结合道路具体情况采用不同的形式，不会影响现有道路的交通通行功能，尤其适合在高密度城市建成环境中使用。同时，这种道路形式的改造成本较低，但是功能效果明显，可以带来最直接的环境

图 5-27 西南 12 大街绿色街道雨水收集系统（来源：www.asla.org）
（a）西南 12 大街雨水花园种植平面图
（b）西南 12 大街雨水花园种植平面扩初图

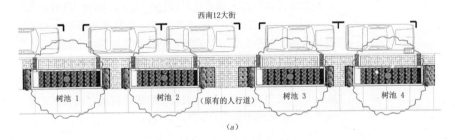

西南12大街

树池 1　　树池 2　　（原有的人行道）　　树池 3　　　树池 4

（a）

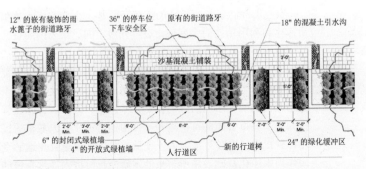

12" 的嵌有装饰的雨水篦子的街道路牙　　36" 的停车位下车安全区　　原有的街道路牙　　18" 的混凝土引水沟

沙基混凝土铺装

6" 的封闭式绿植墙　　4" 的开放式绿植墙　　人行道区　　新的行道树　　24" 的绿化缓冲区

（b）

(a)　　　　　　　　　　　(b)

图 5-28 西南 12 大街
绿色街道（前后对比）
（来源：www.asla.org）
（a）设置种植池前
（b）设置种植池后

❶　www. asla. org
［2010-8］。

效益。根据建成后的数据统计显示，该系统在2005年共处理约700m³的雨水，并且模拟实验显示，在25年一遇的暴雨强度下该系统可以管理至少70%的道路雨水。此外，该系统在发挥街道雨水管理功能的同时，也可以创造优美的街道绿化景观，并且极大地降低绿化养护成本（图5-28）。❶

5.3.4　雨洪调蓄公园

城市公园是城市中最重要的绿色开放空间之一，具有占地面积大、空间开阔的特点，在城市生态雨水管理方面是一种不容忽视的资源。城市公园可以在不影响观赏游憩价值的前提下，利用其内部溪流、湖区对大量的雨水资源进行净化、收集和就地利用。公园在降低城市雨水排水压力的同时，也能有效地发挥城市生态环境的改善功能；同时，公园内收集的雨水可以被用来进行绿地灌溉，降低城市公园的管理维护费用。

以卢那公园（Park Van Luna）为例：

荷兰HOSPER事务所设计的卢那公园是一个具有雨水收集、水质净化和利用功能的大型城市公共开放空间。在公园的设计中尤其注重安排一整套具有完善功能的自然生态净化系统（图5-29），成为一个天然的"雨水净水器"。整个系统包括多个不同功能的组成部分：一个推动公园水循环的泵站，一个脱磷池塘和一个充满艺术风格的蜿蜒水道组成的自然净水湿地。同时，公园也强调它作为一个城市公园的可接近和被使用的特征，并为城市居民的参与体验提供了多种可能。为了使城市居民能够更直观地感受到公园作为水净化基础设施所带来的水质变化，进入净水系统的水入口被提升到水平面以上。循环泵站也被安置在显眼的位置，并被

图 5-29　卢那公园（来源：荷兰 HOSPER 事务所，海尔许霍德休闲地带——卢那公园，《风景园林》，2010 年第 5 期）

设计为一个可以观湖的公共平台。公园内也设置了完善的道路系统，并结合雨水蓄积湖区设置了可以使用的滨水沙滩，成为市民休闲、健身、娱乐的场所[16]。

5.3.5　地表自然排水系统

在现代城市中，雨水一般通过埋在地下的雨水排水管网进行输送。但是，城市雨水中经常会夹带一些垃圾废物，致使这些管道很容易发生堵塞，而对排水产生严重影响。由于这些排水管道埋在地下，对其进行维修和养护都非常困难，成本也比较高，而且它们只具有单一的雨水输送功能，在输送过程中还会给城市雨水带来严重的污染问题。排水管道也缺乏功能弹性，许多管道需要进行扩容升级，否则，已经很难满足日益增大的城市雨水排水需求，但是，对其进行改造施工非常困难，工程投入也很大，并且这些管道的排水能力通常是按照最高的城市排水标准进行设计的，这也会造成巨大的浪费。

与此相比，地表自然排水系统具有明显的优势。首先，它具有更大的弹性适应性，更加尊重雨水的自然循环过程，在雨水输送过程中可以对雨水进行净化过滤，并使雨水逐渐被蒸发、被植物吸收或者自然渗入地下；其次，对其进行管理和维护也比较容易，也可以形成具有多种综合功能的城市公共开放空间（图5-30）。

1. 泰伦溪流（Headwaters at Tryon Creek）

泰伦溪流项目是波特兰西南部一个占地约12000m²的包括经济适用房、政府廉租房等多种住宅建筑在内的混合居住区发展计划。由于这里在开发以前曾经是泰伦溪流重要的雨水汇集区域，因此在项目开始之初，设计师就决定对区域雨水进行综合管理，采用地面雨水排水系统代替地下排水管网，并使其可以满足百年一遇的暴雨雨水排放要求。在这个需要降低投入成本和具有政府示范意义的项目中，将基础设施投资与居住区开放空间的营造相结合是一项具有多功能、环保、美观、经济和高效的景观基础设施建设手法。最终，多学科团队共同努力，高度协调建筑、停车场、广场和其他场地元素的配置，使景观基础设施的建造最终得以实现。

整个地表雨水排水系统包括三部分。居住区上游汇集的雨水在进入居住区以前通过上游的湿地进行植物和砾石的过滤和净化，从而保证雨水的水质；在居住区内，排水溪流从场地中央穿过，建筑沿两侧布置，并朝向排水溪流开窗、修建阳台和底层庭院平台，自然排水系统结合具有生态功能的植物种植群落形成了居住区的中央绿色开放空间，为建筑创造了良好的通风采光条件和微气候环境，同时形成了优美的居住区景观（图5-31）；通过居住区的雨水将进入附属于城市街道的一块三角形街旁绿地，设计师将其设计为一个跌落式的小型净水湿地，同时这里也是居住区外围的一个可供居民使用的公共开放空间。最终，经过地表雨水排水系统三个部分的过滤和净化作用的雨水汇入泰伦溪。

图 5-31 作为花园的地面雨水排水系统（来源：Buried No More，*Landscape Architecture*，2010 年第 5 期）

根据项目建成后的数据统计显示，每年约有600万m^3的雨水被汇集排入泰伦溪。该项目区域内已经形成了一条连接泰伦溪的城市动植物廊道，而且该场地也成为深受附近居民喜爱的户外空间[17]。

2. 牧场水道（Prairie Waterway）

在美国明尼苏达州法明顿市的新型住宅区，Balmori景观和城市设计事务所设计了一个地表雨水排水系统来代替地下雨水管道。整个生态排水系统由水道、沼泽和池塘三部分组成，与管道排水相比，其可以汇集排放更大量的城市雨水，并且成为一片自然开放空间，是一个高效的景观基础设施（图5-32）。

整个项目可以服务周边的500户城市居民，周边居住区的雨水将通过水道汇集到小型雨水沼泽，并最终储存到池塘区域。沼泽和池塘区域的湿生植物将对区域的雨水进行生态净化，并使雨水逐渐渗透到地下，补充地下水源。整个景观基础设施不仅能发挥城市的雨水排水功能，其自身也是一个面积约为36hm²的自然公共空间，由一个大面积的户外开放草坪、休闲运动场地、步行道和自行车道等部分组成。此外，整个排水系统也形成了一个连贯的湿地系统，成为新的城市动植物栖息和迁徙廊道，提升了本地的生物多样性。

与铺设地下排水管网相比，牧场水道项目的花费略有增加，但是也获得了多元价值的提升。这个系统的排水功能更加有效，更加安全，同时形成了一个与周围居民生活密不可分的公共开放空间，并且推动了整个周边区域的发展[18]。

图 5-32 牧场水道鸟
瞰效果图（来源：
Balmori,《国际新
锐景观事物所作品集
Balmori》）

第6章

速度景观
——交通景观基础设施

现代城市规划理论提出了经典的城市功能分区模式，将城市划分为具有不同功能的区块，各功能区块的划分和联系主要依靠道路网络实现，并一直沿用至今。城市的布局依附于城市道路，并遵循"流体力学"的原理，城市交通功能首先依靠连通能力最强的主干道，主干道接下来连接次干道和城市支路，通过各级道路形成的交通网络，最终将城市内部的各个功能节点相串连。在这样的背景下，城市越来越多地受制于交通系统的组织原则，道路已经成为决定现代城市结构的首要因素。

城市街道曾经是最重要的城市公共空间，就像是整个城市的血液循环系统，维持着城市的畅通，保障城市具有持续的生命活力。在中国历史上，街道一直就是富有活力的"城市客厅"，发挥着交通运输、生活交往、商贸活动等综合功能，是城市最公有化的区域之一。清明上河图中所描绘的场景就是对此最清晰的印证。

全球城市化为城市经济增长注入了强大的刺激力量，并由此产生持续的城市扩张，使人们对快速交通工具的依赖程度不断提高。自20世纪初汽车开始迅速发展以来，交通基础设施已经奠定了其在城市中的核心地位，成为评价城市化水平的一个关键性指标[1]。但是与此同时，城市道路作为"公共财产"的职能却在不断衰退，甚至成为扼杀城市活力的元凶。正如凯茜·普尔（Kathy Poole）所指出的那样"基础设施已经超越解决问题本身的需要，以追求效率为原则，将标准化作为最终的表达形式"[2]。

为了满足日益增长的机动车通行需求，城市交通基础设施以其巨大的尺度和不断蔓延的网络占据了大量城市空间，将整个城市割裂开来。根据多伦多1998年的统计数据显示，该城约40%的土地被用于满足汽车通行需要的交通基础设施建设，与之相比，开放空间和公园用地仅占7%。[3] 这些功能单一的城市道路对周围环境和城市空间的连续性产生了严重的影响，并用，由于缺乏多样的使用功能，其空间活力也在逐渐丧失，造成了城市空间的显著浪费。快速车流所造成的空气、噪声污染和安全性问题使道路周边沦为社会活力的"边缘地带"。道路设计对美学和公共性的忽视严重阻碍了富有活力的街道生活，越来越多的城市居民对此感到失望。

城市交通基础设施作为连接城市各功能组团和决定现代城市布局结构的重要组成部分，具有巨大的空间利用和功能承载潜力，城市交通基础设施的改造可以成为城市再生和可持续发展的动力。随着对城市品质要求的不断提升，城市交通基础设施正在受到越来越广泛的关注，以机动车为导向、单一功能的设计理念正在被不断反思。如何在满足高机动性要求的同时，提升对城市道路的社会性关注，增加道路功能的复杂度，创造性地重构多样化的公共空间，重新找回街道丰富多彩的城市活力，并促进现代城市更新已经成为当今各学科理论和实践研究的热点。

由于现代城市对交通基础设施的依赖，使其占据了大量的城市空间。在现有城市结构的基础上，这些空间的利用潜力可以被重新激活以适应新的城市功能，可以利用交通基础设施新建或改造所提供的城市空间重塑机遇，为高密度城市公共空间的营造提供一种可实施的途径。同时，交通基础设施作为现代城市空间秩序的组织要素，将整个城市串联起来，所以可以依托密集的交通网络及其附属空间，串联周边现有的公共空间环境，构建一个与城市相融合、承载多元复杂功能的公共空间网络，通过公共空间的活力链接重新凝聚这个被汽车割裂的城市。

6.1 依托快速路的景观廊道

城市快速路是城市的交通主干道，以满足机动车通行为主要目的，交通速度非常快，交通流量也相当大，主要维持整个城市区域的大尺度空间联系。这些城市快速路主要是按照机动车的使用标准和要求进行设计的，采用隔离行人和自行车的管理模式，成为遍布整个城市内部的难以穿越的鸿沟，将城市分割成一个个孤立的区域。快速路所产生的巨大噪声和粉尘污染也已经严重影响了周边环境，对附近城市居民的生活造成不同程度的干扰。城市快速路的设计与建造也缺乏对周边城市环境的整体考虑，在其周边产生了大量的城市荒废空间，这些空间缺乏有效的使用。

景观与城市快速路的结合以保证机动车的快速通行为前提，重新建立被快速路切断的城市空间和公共功能联系，消除快速路对周边环境的影响，并注重构建城市快速路的多功能空间体系，充分发挥其所具有的空间潜力。

6.1.1 多层次的立体空间模式

多层混合的立体空间模式是把多种不同的公共功能与城市快速路相叠加，使快速路转化为一种立体的多功能混合结构。快速路具有封闭式的特点，因此，可以将贯穿城市的快速路设置在地面下层，还可以同时设置一层或多层空间以承载多种交通通行方式或安置多功能交通服务设施，形成一条集中式的交通走廊。快速路地面空间被重新释放后，可以作为城市公共空间和慢行交通系统的承载平台。通过多层次的立体空间模式，城市快速路将成为一条穿越城市密集区的多功能开放空间廊道，对城市环境进行整体改善，从而实现城市快速路与周边区域的融合和整体发展。

1. 巴塞罗那环路系统（Cinturón）

20世纪90年代，巴塞罗那迫切需要构建一个更加高效的城市快速路系统，对穿越城区的机动车进行分流，以缓解城市内部大量的机动车对公共空间造成的交通压力。借助1992年奥运会的发展契机，巴塞罗那在19世纪塞尔达规划所形成的街区布局的基础上，提出了修建环路系统的计划。该项目不同于今天的大多数公路建设项目，它是巴塞罗那城市重构战略的重要组成部分，从一开始就被看作是一个进行城市公共空间完善的机遇[4]，其设计的核心目的就是探索如何利用道路来实现城市的魅力再生。

今天，巴塞罗那环路系统已经被认为是现代城市快速在环境和公共友好型设计方面的典范。它涉及了巴塞罗那城市路网的重组，同时强调对20世纪70年代由于城市产业转型而产生的大量土地碎片和边缘地带进行整合再生。在这一过程中，它除了解决城市的交通流动性外，更是巧妙地利用自身巨大的体量，结合地形高程的设计，创造了一个可以满足多种公共功能的加厚城市表面，串联了大量现有和新建的城市公共空间，率先构建了一个城市基础设施与公共空间的复合网络，并成为巴塞罗那城市转型重构的强力支撑（图6-1）。

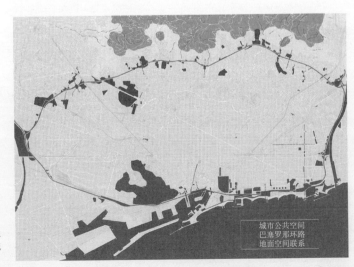

图 6-1 巴塞罗那环路和周边开放空间系统（来源：作者自绘）

　　巴塞罗那环路系统注重对多层次城市空间的复合利用，采用了多样的空间断面形式，将城市过境快速交通安排在相对较低的空间层（约占环路交通总量的1/2～2/3）[5]，地面层主要设置宽度较窄的慢速机动车道路。道路断面结合具体的城市环境条件，采用复杂而精心的设计（图6-2），在地面层尽可能创造更多的公共空间，软化道路边界，增强道路两侧城市空间的联系性。

　　利特若步行道（Litoral Promenade）（图6-3）利用了下沉环路与城市间的空隙地带，重新建立城市与海洋间的联系。步行道

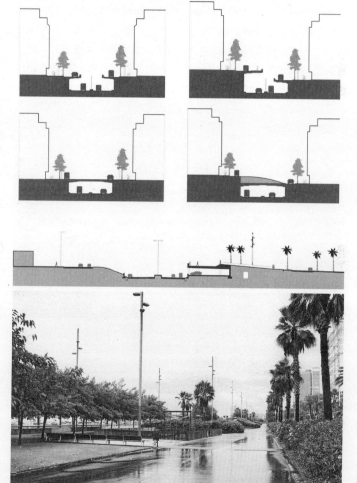

图 6-2 巴塞罗那环路断面（来源：Joan Busquets, Barcelona the Urban Evolution of a Compact City, ORO Applied Research+ Design, 2014 年）

图 6-3 利特若步行道

的下方被设计为停车场，地面空间的设计也相对灵活，可以为未来的城市转型提供多样的可能性。步行道中穿插于植物带中的平台向大海的方向微倾，并通过连续变化的双色铺装进行朝向大海的视觉引导，让使用者不容易察觉到与海滩之间有下沉环路的阻隔。位于城市密集区的拉格兰维亚快速路（La Granvia）（图6-4、图6-5）的上层地面道路悬挑于下沉道路之上，在满足下沉道路光照和通风需求的同时，也降低了道路宽度，从而减弱噪声，并留出更多的公共空间，成为城市的活力发生器。

2. 肯尼迪绿色通道（The Rose Fitzgerald Kennedy Greenway）

93号州际公路是从美国波士顿市中心穿过的一条重要的中央交通主干道，随着交通容量的不断升高和城市的扩展，它对周边环境的影响日益明显。波士顿在20世纪开展了"大挖掘（the Big Dig）"工程，将穿越市中心的长约1.6km的道路移至地下，并利用地面空间修建肯尼迪绿色通道，将分割的波士顿城市重新联系起来（图6-6）。

图6-4 拉格兰维亚
快速路改造前（来
源：Arriola & Fiol
Arquitectes建筑事
务所）

图6-5 拉格兰维亚
快速路多层混合的
空间结构（来源：
D1le1002）

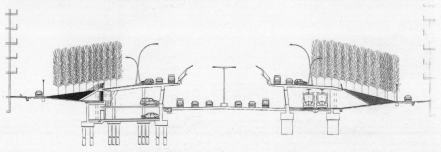

　　肯尼迪绿色通道的修建使受93号州际公路影响的周边区域重新获得生机，在城市核心区增加了大面积的城市公共绿地，将波士顿拥有悠久历史、多样文化和生活活力的邻里区域连接在一起，成为波士顿历史上最重要的公共工程之一（图6-7）。

　　整个肯尼迪绿色通道由一系列的城市花园、广场、绿树成荫的散步道组成，自北向南依次分成五个公园，包括北郊公园（North End Park）、码头区公园（Wharf District Park）、点堡水道公园（Fort Point Channel Park）、戴威广场公园（Dewey Square Park）和中国城公园（Chinatown Park），在高密度的城市建成区中为城市居民提供了美丽的休憩、健身、交往场所，为绿道穿过的波士顿中心区、波士顿港口、南部滨水区和港口岛屿带来了新的发展机遇。❶

❶　http://www. roseke nnedy greenway. org/ visit/about-the-greenway. htm［2010-9］。

图 6-6　肯尼迪绿色通道（前后对比）（来源：http://www.rosekennedygreenway.org）
（a）改造前
（b）改造后

(a)　　　　(b)

图 6-7　肯尼迪绿色通道成为城市中心区充满活力的公共空间（来源：http://www.rosekennedygreenway.org）

6.1.2 附属荒废空间的再生

快速路周边和高架路的下层产生了大量的城市荒废空间。它们由于缺乏明确的使用功能和必要的服务设施，成为城市的"非正规"空间，通常被用作城市停车场，或处于闲置状态，是没有得到充分利用的宝贵的城市资源。可以结合这些空间的特征，有意识地降低道路对空间的负面影响，改善空间的环境条件和安全性，并赋予这些空间合适的功能，使其成为独具特色、富有活力的新的城市公共空间。

1. 特立尼泰特立交公园（Nus de la Trinitat Park）

特立尼泰特立交公园位于巴塞罗那环路立交桥的中心，是一个占地约6hm²的圆形区域。场地是由多条城市快速路围合而成的立交桥附属空间，自身面临一系列的问题，包括巨大的噪声、严重的污染、道路雨水的大量汇集、空间缺乏明确功能、进入困难和不安全性等诸多方面，成为一个消极的城市空间（图6-8）。

Batlle I Roig建筑事务所没有将这片区域单纯作为道路的防护绿地，而是希望通过设计创造一个具有公共使用功能和良好环

图6-8 特立尼泰特立交公园（来源：Batlle I Roig 建筑事务所）

境的绿色开放空间。设计师用一条圆环形的步行展廊将整个公园
分为内、外两个部分。在展廊外围是九排树木列植形成的缓冲林
带，在内侧围合了一个环形水池和一片草坪台地。环形建筑和地
形结合林带形成了高速公路与公园之间一个连贯的过滤屏障，将
高速公路的噪声和污染有效地阻隔在公园以外。而密植树带和水
池也成为公园内的背景，在环岛内部根本看不到快速路上的机动
车，噪声也基本感受不到。中央草坪区成为一个不受外界干扰的舒
适环境，可以满足健身、休闲、聚会等多种公共功能需求（图6-9）。

　　整个公园已经转变为一个积极的城市空间，成为巴塞罗那绿
色开放空间廊道的一个重要节点，与周边绿地系统建立了紧密的
空间联系。

　　2. A8ernA

　　A8ernA位于荷兰A8快速公路的下方，架空高度约为7m，其两
侧分别为教堂和前市政厅，在长达30年的时间里一直被作为一处
荒凉的停车场空间（图6-10）。

图6-9 特立尼泰特立交公园的内部景观（来源：Batlle I Roig 建筑事务所）

图6-10 A8快速路下的荒废空间（来源：Jacobo krauel, *Urban spaces:Environment for the Future*）

　　NL建筑事务所以一种乐观的态度将这个空间视为一片有潜力的公共领地，并希望通过创新手段恢复道路两侧的城市连接，重新激活这个快速路下层空间的综合使用功能（图6-11）。

　　设计师综合考虑了周边居民的使用要求，根据道路下层空间的特征和限制因素，为整个区域赋予了合适而多元的公共功能（图6-12），自西向东主要设计了"爱之椅"休息区、轮滑运动场、游戏空间、街舞运动场、小型足球场、篮球场、停车场、小型超市、巴士换乘车站、小型甲板平台和游戏水池、户外聚会烧烤区等一系列空间。公园还有意识地将道路两侧的小山丘、公园绿地以及教堂前广场联系在一起，以形成更加实用和有吸引的带

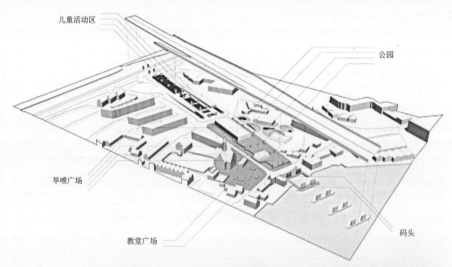

图 6-11 A8 快速路下空间改造分析（来源：Jacobo Krauel, *Urban spaces:Enviroment for the Future*）

图 6-12 A8 快速路下层公共空间（来源：Jacobo Krauel, *Urban spaces:Enviroment for the Future*）

状空间。教堂广场可以成为市场和举办小型集市的场地，在重要的节日还可以举行大型的集会活动[6]。一个曾经遭到遗忘的空间被赋予了新的生命，重新融入周边居民的日常生活。

6.1.3　跨越快速路的绿色连接

快速路对城市最明显的影响之一就是在建立区域之间交通连接的同时，也由于其难以穿越的特征而成为割断其两侧空间和功能联系的屏障。重建被快速路切断的区域联系的方法不仅仅是单纯地修建过街天桥和地下通道，也包括通过建设跨越快速路的公共空间，形成一个绿色连接，将分散的衰落地带重新联系起来，为周边区域发展注入新的动力。这种跨越快速路的公共空间不仅仅可以满足交通连接的需要，也可以作为自然生态、城市功能和社会经济的连接体，成为具有优美环境、多种综合公共功能的城市开放空间。

1. 西雅图奥林匹克雕塑公园（Seattle Olympic Sculpture Park）

西雅图奥林匹克雕塑公园紧邻艾略特湖，从城市向下逐渐延伸到湖滨，一条城市铁路和一条城市干道从场地中穿过，将其分割为三个相互分隔的区域。Weiss Manfredi建筑事务所采用了一个跨越两条交通基础设施的之字形绿色连接平台，将三块分隔的区域重新联系在一起，并使城市和艾略特湖也重新连接起来，成为新的城市标志性景观（图6-13）。

图6-13 艾略特湖及其周边城市（雕塑公园修建前后对比）（来源：http://en.urbarama.com）

整个公园设计了长约670m的连贯步行线，人们可以在城市中心与滨水区间自由地行走。自公园最高点的艺术博物馆开始，逐渐向湖边延伸，提供了多种不同的观景视角，人们在跨越高速公路的平台上能远眺到奥林匹克山，在跨越铁路的区域则可以将西雅图城市和艾略特湖区的景色都尽收眼底，最后还可以靠近湖边近距离地体验湖光美景（图6-14）[7]。

公园还巧妙地实现了建筑与自然环境的融合。建筑成为城市新的公共艺术中心，户外环境则成为一个公共艺术品的露天展台，临湖区域通过木桩和碎石创造了一个多样的自然栖息环境，为整个区域注入了新的公共活力。

公园的建造实施曾面临诸多困难，涉及地形结构工程、高架景观营造方式、连续变化的空间营造等方面。设计师最终通过多学科的合作提出了独特的整体设计解决方案，运用弹性的挡土墙技术实现了大跨度的工程连接，并实现了工业废弃河岸的生态多样性再生。

2. 温哥华社区连接体（Vancouver Community Connector）

温哥华堡（Fort Vancouver）是温哥华重要的历史区域，一直以来与温哥华中心城区有着紧密的联系。自20世纪50年代开始，随着温哥华5号公路的兴建，这种联系被彻底切断。因此，温哥华举行了社区连接体的国际竞赛，希望能够重新建立温哥华堡国家遗址与城市核心区域的连接。

古斯塔夫森景观设计事务所的方案最终赢得了该项国际竞赛的一等奖。他们希望通过设计"使城市居民获得教育和启发，并

图6-14 西雅图奥林匹克雕塑公园（来源：http://pricetags.files.wordpress.com）

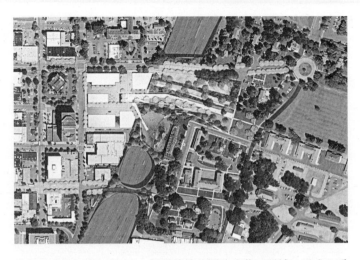

图6-15 温哥华城市连接体（来源：http://www.oregonlive.com）

给居民灌输一种好奇心"，用道路将公园分成若干区域，形成一系列具有不同功能和景观的口袋公园，包括西北部的草地、镜面反射水池、滨水休息平台等，以一种完全不同的奇特面貌，创造一个具有巨大吸引力的城市连接体（图6-15）。

方案还细致地结合了场地的具体特征。水池、开孔和裂缝墙的设计都考虑了城市道路的采光，植物的种植和草坪的设置也结合了结构工程技术。方案同时研究了快速路的景观感受，在不影响交通安全的前提下，顶面星空般的开孔将光线透射过来，在道路两侧投下富有趣味的斑驳光影。

6.2　街道慢行公共空间

城市街道是城区的内部道路，是一种机动车、自行车、步行等多种交通方式共享的城市道路空间，是城市居民日常出入的主要通道和生活空间。

随着现代城市的扩张，人口与机动车数量激增，人行与机动车空间的矛盾日益突出，城市步行魅力不断丧失，机动车逐渐成为城市街道的主宰。单纯追求机动车快速通行的城市街道具有极大的安全隐患，造成街道其他使用功能的缺失。如何恢复失去的街道活力逐渐成为改善城市环境的重点。

街道慢行公共空间将不再完全以机动车的通行为主导因素，强调优先考虑人的使用体验，梳理城市步行街道系统，有目的地缩减一部分道路的地面机动车交通流量。设计需要协调多种交通组织方式, 注重挖掘城市街道在生态、经济、社会、文化等方面的综合价值, 实现城市多种使用功能的和谐共存, 使其成为更加安全、舒适、健康和贴近生活的城市活力带状空间。

6.2.1 街道线性公共空间廊道

城市街道是城市中最重要和明显的空间连接网络。城市街道的网络化特征, 使其完全具有作为城市廊道的潜力, 并成为城市公共空间网络的载体。街道线性公共空间廊道主张减缓机动车的通行速度, 优先发展高效率的公共交通, 通过合理引导有效降低道路负荷, 增加道路绿色开放空间面积, 使其成为加强区域凝聚力和促进区域发展的绿色纽带。

街道的地面空间将被重新划分, 通过缩减地面机动车道, 限制其通行速度, 为引入新的公共功能预留出更大的空间。这些线性的公共空间带为城市居民提供了便捷、安全的步行通道, 并且串联了街道周边的城市广场和公园, 形成了一条能够凝聚整个街区, 富有吸引力的公共廊道。

1. 休斯敦城市廊道规划(Houston Urban Corridor Planning)

休斯敦城市廊道规划是沿休斯敦的六条主要街道进行的城市土地使用和开发的规划策略(图6-16)。

图 6-16 休斯敦城市
廊道规划 (来源:
www.asla.org)

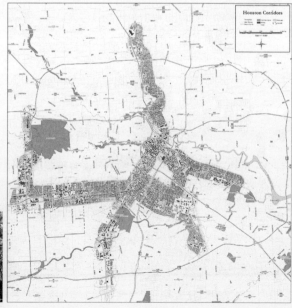

　　六条街道将率先发展公共交通系统，建设低影响的城市生态轻轨交通，为营造高品质的行人友好型街道环境创造条件。通过高密度和高承载量的公共交通建设降低人们对私有机动车的依赖，使现有的交通模式逐渐转变为以公共交通为主导，并在此基础上增强街道的植物景观数量和品质，提升公共空间和场所的可识别性，形成能够更好地服务于行人的街道环境。

　　整个城市廊道网络尤其注重对城市公共空间的改善和对街道环境的提升，主要依托街道基础设施网络建设的资金投入，结合街道现状条件和周边区域发展更新目标，构建了一个由街道景观、城市广场、新建和改造的公园共同组成的连贯的公共空间廊道系统，形成了一个能够保护区域生态功能并具有自然特征的开放空间网络（图6-17）。

　　在未来，街道将转变为加强区域联系的结缔组织。规划通过对街道所穿越区域的人口、经济和公共需求等条件的综合分析，制定了每一条街道独特的发展模式和实施策略，并通过广泛的利益协商，整合多方面的资金投入，促进周边区域的协同发展。整个休斯敦城市廊道将连接城市中最富裕的地区、最贫穷的社区、

图6-17 休斯敦城市廊道规划（前后对比）（来源：www.asla.org）
（a）规划前
（b）规划后（效果图）

(a)

(b)

历史文化区、大学区、工业区和城市公园等区域，形成一个既体现不同区域特点又连续、统一的城市公共网络[8]。

2. Soender林荫大道（Soender Boulevard）

Soender大道是哥本哈根一条历史悠久的城市街道，每天约有2700辆汽车和1600辆自行车从这里经过。SLA景观设计事务所在对它进行设计时，并没有一味地追求提高这条道路的机动车通行速度和能力，而是有意识地减少街道宽度（约减少一半），降低机动车的穿行速度。这种举措不仅没有带来交通的拥堵，反而提高了街道的使用效率，使机动车和自行车的通行更加顺畅。节约出来的街道空间被设计为贯通整个街道的开放空间廊道，提升了整个区域的公共活力（图6-18）。

道路中央空间并没有被简单地当作一个植物绿化隔离带来进行设计，而是在创造绿色空间的同时，被赋予更多的公共休闲功能。这条街道的公共空间廊道可以作为开展体育锻炼、儿童游戏、户外表演、散步、遛狗、聚会烧烤和户外咖啡等休闲活动的场地，并且这个公共空间中还同时预留了大量布局简单，但具有巨大弹性使用功能的空间，可以满足现有和未来附近居民的使用需求，并推动整个区域的发展和更新。

6.2.2　生活化的城市街道

街道自产生之初，就是居民日常公共生活和交往的场所。但是，随着机动车的不断增多，街道的功能逐渐趋向单一，成为毫无生机的城市快速运输机器，逐渐远离城市居民的生活。

景观基础设施策略通过转变现有街道的模式，使其从单纯的机动车促进模式，转变为激发多种公共功能的模式，降低机动车通行速度和对街道资源的占用率，使街道重新回归"城市生活的舞台"。

1. Stadtlounge街道

瑞士艺术家皮皮洛蒂·里斯特（Pipilotti Rist）和风景园林师卡洛斯·马丁内斯（Carlos Martinez）将瑞士圣加仑市（St Gallen）的Bleicheli金融街区设计为一个为公共生活服务的"城市沙龙"——Stadtlounge街道（图6-19）。

街道（包括一些汽车和卡通造型的街道家具）被鲜红色的塑胶所覆盖，并利用鲜明的黄色标识进行了划分。设计者在街道上配置了沙发和茶几造型的城市设施，将街道变成一种无论在白天还是夜晚都可以开放的露天公共沙龙场地。城市居民成为街道的真正主人，而机动车通行功能则被尽可能地弱化。

图 6-18 Soender 公共空间廊道（来源：SLA，《国际新锐景观事务所作品集 SLA》）

图 6-19 Stadtlounge 街道（来源：Jacobo Krauel, *Urban spaces:Enviroment for the Future*）

2. 特里北街（The Terry Avenue North Street）

美国西雅图的特里北街是一条城市居民的"生活共享街道"。街道的设计采用弯曲的道路线形、变化的路面宽度和断面布置形式，来降低机动车的通行速度，并利用具有丰富变化和功能引导性的彩色地面铺装和形象多样的空间功能指示标志，结合周围环境设置多样的自由功能空间，实现附近居民对街道的多功能共享（图6-20）。

该街道可以通行公共交通、私人机动车，允许临时停车，也是舒适的自行车和步行空间，但在设计中强调了它作为公共空间的功能优先性，可以为附近居民提供户外晒太阳、交谈和享受咖啡的休闲空间，可以作为附近儿童的游戏场地，从而成为一条多功能的城市生活化街道（图6-21）。

6.3 停车场作为公共空间

停车场占据了大量的城市地面空间，主要采用硬化铺装，功能相对单一。部分停车场的使用率随时间变化显著，具有很大的空间可利用余地。通过设计可以将停车场与城市公共空间融为一体，从而将传统的单一功能的基础设施融入更加综合的城市公共系统之中，提高停车场空间的利用效率，使其发挥更加多样的公共使用活力。

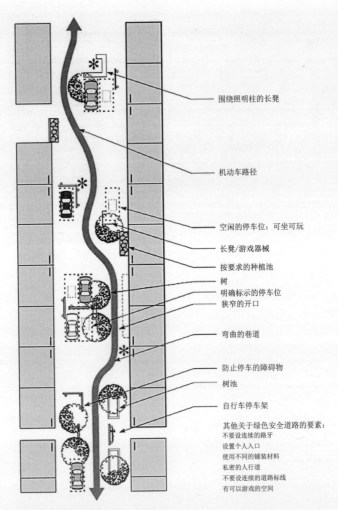

围绕照明柱的长凳

机动车路径

空闲的停车位：可坐可玩

长凳/游戏器械

按要求的种植池

树

明确标示的停车位

狭窄的开口

弯曲的巷道

防止停车的障碍物

树池

自行车停车架

其他关于绿色安全道路的要素：
不要设连续的路牙
设置个人入口
使用不同的铺装材料
私密的人行道
不要设连续的道路标线
有可以游戏的空间

图 6-20 特里北街
丰富的空间变化
（来源：http://www.
greencascades.com）

图 6-21 特里北街成
为生活化的城市街道
（来源：http://www.
greencascades.com）

1. KAIAK市场停车场广场（KAIAK Marktparkplatz）

德国的一个三角形停车场空间一直与周边区域存在着一种"紧张的关系"。停车场使用者认为它的存在带来了许多便利，不可以取消，但附近的居民认为这个停车场毫无价值，应当将其变为一个公共开放空间。在矛盾不可调和的情况下，Topotek1景观设计事务所打破常规，用艺术的手法将一个毫无吸引力的停车场转变为一个与众不同的"非正规公共空间"。KAIAK市场停车场广场日常主要作为停车场使用，在一些特殊时刻可以作为市场、广场，以及游戏和运动空间（图6-22）。

设计将原有的方整的停车位划分方式打破，用一个适当扭曲的网格重新组织了整个停车空间，并将铺装颜色改为红色，塑造了鲜明而富有趣味的空间。在停车场的中央还设计了一个大型的红色遮阳伞装置，作为场地使用功能转换的标志。当伞合拢时，空间作为停车空间；当伞打开时，停车场关闭，空间将作为一个公共广场，可以举办户外聚会、音乐会、运动比赛等活动（图6-23）。伞外围设置了一圈混凝土环形座椅，形成了一片可以遮阳

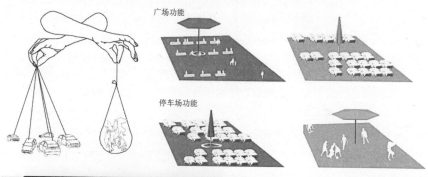

图6-22 可转变为公共空间的停车场（来源：瑞凯诺，迪克勒，《小空间大景观 Topotek 1 Personal Public Space》）

图6-23 当伞张开时停车场成为一个小型公共广场（来源：http://www.stadtkunstprojekte.de）

休息的空间。广场也设置了信息亭、屏幕、水电接口等辅助设施来满足场地的各项公共使用需求。

2. 自然资本中心停车场（Natural Capital Center's Parking Lot）

设计师通过综合协调，使占地约1000m²的自然资本中心停车场具有了多种功能，成为举行市集、社区节日活动、露天电影观看和小型音乐会的场地（图6-24）。在夏季的每个星期四，停车场被转换为一个农贸市场，为周围居民提供多种商品；在停车场使用较少的时间，每周一到周五的17：00～22：00，周六到周日的全天，停车场将作为举行社区活动、电影放映和小型音乐会的公共活动广场。

该停车场不仅仅考虑停车位的设计，而且为举办公共活动提供了灵活的设施，每个停车位可以通过支撑帐篷变为一个小型铺位，并预留了临时舞台的搭建区域和观演区域，利用周围建筑的墙体作为电影放映屏幕，以及配套了必要的水电接口和预留了临时公共厕所安置区域等。

3. 格罗宁根火车站广场（Groningen Station Area）

格罗宁根火车站广场的下层空间是一个可停放4000辆自行车的停车场，上层空间是一个城市广场（图6-25），广场表面就像一个张开的翅膀，两端翘起。在广场的上层空间设计有一些向下层透空的圆形洞口，可以为下层停车场提供充足的采光和新鲜的空气，下层的树木也可以从孔洞中生长出来为广场提供遮阴。环绕圆洞还设计有与防护栏相结合的休息座椅，为广场提供了休息空间。格罗宁根火车站广场巧妙地将基础设施与城市公共空间融合在一起，满足了其作为一个交通服务设施和城市开放门户的多重功能。

图6-24 自然资本中心停车场（来源：http://www.ecotrust.org）

(a)

(b)

图6-25 格罗宁根火车站广场（来源：http://www.bnagebouwvanhetjaar.nl）
（a）上层空间
（b）下层空间

6.4　与景观结合的交通枢纽

　　城市中存在着大量的交通枢纽，它们将不同的交通方式衔接起来作为城市的公共交通换乘平台。由于这些交通枢纽客流量大，通常都选址在城市中具有战略意义的地段，或发挥区域组织的核心功能，具有很强的公共性和标志性。因此，交通枢纽不应当被单纯地看作是一个组织交通流程的技术性空间，而应当将其看作一个具有多种公共功能的综合体，一个具有多元价值并与城市环境相融合、衔接的公共景观。

以横滨港口码头（Yokohama International Port Terminal）为例：

在日本横滨国际港口的设计中，FOA建筑事务所将作为游轮码头的客运服务中心与为市民服务的公共开放空间结合到一起，为横滨创造了一个标志性的与众不同的景观基础设施。整个港口建筑被命名为"不走回头路的码头"，构建了一个流动、连续，具有多重方向性和界面的立体空间体系，而不是传统码头所采用的为了引导人流所设计的线性分支形空间结构。整个港口码头与周边环境融为一体，提供了复杂的表面坡度变化形式，可以为参观者提供多样的游览体验。码头的屋顶也延续了两侧城市公园的表面，被设计为一个连贯的滨水开放空间（图6-26）。

图6-26 横滨港口码头
（来源：http://yiyunsky
111sinacom.blogspot.
com）

第 7 章

净化景观
——废物管理景观基础设施

城市是一个有生命的系统，存在着复杂的新陈代谢过程，需要从环境中吸收水、能源和营养物质，并向周围土地、空气和水中排放废物。为了满足城市在生产、生活等方面的需要，大量的物质和能源被输入城市，经过生产和消耗转化后，以城市污水、垃圾、空气污染物等代谢废物的形式输送出来。现代城市由于其巨大的生产和消耗能力，已经严重地影响了自然物质、能源循环的平衡。如果对这些城市废物缺乏有效的管理，将会对自然和城市环境以及城市居民健康生活产生严重的影响，甚至会影响到城市自身的持续发展。目前，已经有越来越高的呼声要求我们理解城市物质循环的内在过程，综合管理城市产生的多种废物，强化城市的自然净化功能，并将此作为人类义不容辞的责任。

景观基础设施在城市废物净化处理以及综合环境治理等方面可以发挥重要的作用，通过引导和强化自然在城市空气净化、水净化、固体废弃物和土壤有毒物质消化等方面的生态功能，提升现有基础设施的净化能力，降低其对周围环境产生的影响，维持城市的健康和可持续发展。更为重要的是，景观可以发挥显著的环境改善能力，使令人厌恶的处理废物的基础设施的面貌发生转变，进而重新回归大家的视野，使得这些基础设施除了可以向市民提供亲身感受废物处理、降解过程的科普体验以外，也有能力成为具有休闲功能的独特的城市公共空间。

7.1　垃圾填埋场的景观再生

城市生产和生活将不可避免地产生大量的固体废弃物。目前，已经有越来越多的城市开始注重完善固体废弃物的管理系统，通过降低原料消耗、可再利用材料的回收和利用有机垃圾堆肥等方式来降低城市固体废弃物的产生数量。但是，垃圾填埋场仍然是目前处理城市固体废弃物的主要场地。

目前，城市垃圾填埋场一般对未经处理的垃圾采用填埋的方式进行处理，需要占用大面积的土地，并对环境造成不同程度的污染，随之产生一系列的环境问题。比如，垃圾填埋场通常会造成附近区域生态进程的停滞甚至彻底破坏；在垃圾处理的过程中，也会产生噪声、灰尘、难闻的气味以及污染物扩散等问题，使该区域成为居民无法忍受的危险地带。随着现代城市化的快速发展，城市产生的固体废弃物总量也在不断增多，而且，随着城市的进一步扩张，许多过去在城市郊区建设的垃圾填埋场已经逐渐接近城市建成区。根据对全国668个人中型城市进行的调查统计显示，其中2/3的城市都不同程度地受到了垃圾填埋场影响，陷入了"垃圾围城"的困境。

景观基础设施将城市垃圾填埋场重新定义为城市中重要的空间资源，通过与城市规划、环境工程、生态防护、公共政策等学科进行合作，运用生态景观策略和整体协调的方法，对垃圾填埋场进行再生设计，重点控制和治理垃圾污染，重建稳定的可自我维持的生态系统，激活场地停滞的生态过程；并运用大尺度景观规划的方法和地形塑造手段，重新挖掘垃圾填埋场作为多功能公共空间的潜力。

以纽约清泉公园为例：

纽约清泉公园的前身是占地面积约900hm^{2}的垃圾填埋场。它在改造以前是世界上最大的垃圾填埋场，由于长期受到垃圾堆积的影响，这里的自然生态环境遭受严重的破坏（图7-1）。在2001年，纽约市决定将垃圾填埋场进行封闭，将其改造为新的城市公园，并举行了国际设计竞赛。詹姆士·科纳在保护场地内数量众多的溪流和大面积滨河湿地的基础上，综合分析了影响场地的自然、社会、经济等多元动态力量，提出了一个长达30年的景观再生计划——"生命景观（Lifescape）"，并最终赢得了竞赛。

整个设计方案将一个严重影响周围环境，处于休眠状态的基础设施转变为一个新的超大型城市生态公园（图7-2）。通过与生态专家的合作，设计师在整个场地中构建了三个相互联系的功能

图7-1 弗莱士河垃圾填埋场改造前（来源：http://blogs.villagevoice.com/runninscared）

图7-2 纽约清泉公园（来源：弗莱士河公园，《世界建筑》2010年第1期）

系统：线性、岛屿和基底系统。线性系统包括植物群落带、道路交通网络和截水排气沟渠等，共同构成了将整个区域联系起来，具有生态传导和流通功能的网络；岛屿系统是场地内的斑块，除了可以作为动植物保护的栖息地，也是未来承载公园公共项目和安置功能服务设施的区域，与线性网络相连接；基底系统是整个垃圾填埋场新的生态系统重建区域，其中垃圾山将被一层高密度隔离膜包裹，并在表面进行覆土，种植多年生草本和木本植物，重新开启区域的生态进化过程，使该区域逐渐向自然开放空间演化。[1]

纽约清泉公园是城市垃圾填埋场再生的一个新的典范。该项目重新赋予了垃圾填埋场作为一个城市空间的功能活力，为自然生物、社会文化生活和休闲运动娱乐等提供了多样而巨大的空间资源。它不是一个静态的方案，而被作为一个动态的过程，综合考虑了自然、社会等多方面的生态性。通过有意识的引导，不仅经由自然演替逐渐恢复了整个场地的生态环境并推动其持续健康运转，而且通过灵活的使用策略使公园未来的使用者可以参与推动公园的发展，也同时使公园能够朝着满足更加多元的社会功能需求的方向发展，成为城市新的再生活力空间[2]（图4-16）。

7.2 人工湿地水净化景观

城市产生大量的生产和生活污水，许多城市的地表污染物也随雨水扩散，使现代城市面临不同程度的水污染问题。目前，城市主要依靠污水处理厂净化城市水体，技术工艺相对复杂，净化成本比较高，尤其对富营养物质的清除效率相对较低；城市产生的污水总量正在逐渐增多，许多地方的污水处理厂净化能力也已经显现出不足；污水处理厂对面源水污染的控制能力相对有限；许多污染程度较低的水体经污水处理厂处理成本较高，而自然的净化功能完全可以满足污染程度较低的污水水质改善的要求。

人工湿地可以发挥多种自然湿地所具有的生态系统服务功能，污水净化功能就是其中的重要功能之一。与自然湿地生态系统相比，人工湿地无论在地点选择、负荷量承载，还是在可控性上，对污水的处理能力都远超自然湿地。[3] 目前，人工湿地已经被证明具有显著的水净化效果，通过科学化的合理设计，采用不同的技术工艺模式，可以通过人工湿地处理多种类型的废水（雨水、生活污水、工业污水等），出水水质可达Ⅲ类水域（适用于集中式生活饮用水、水源地二级保护区、一般鱼类保护区和游泳区）的水质标准要求[4]。

人工湿地水净化景观可以利用物理过滤和生物吸收净化相结合的方式，引入自然生态净化功能，并模拟自然水净化过程，形成一个天然的水处理系统，对城市雨水、部分生产和生活污水、经过初步净化的再生水以及城市河流湖泊水进行水质改善和净化。它完全依靠太阳能，是一种天然、自发和生物的过程。如果设计和管理得当，该系统可以发挥有效的净水功能，且对环境影响较小，成本较低，可以同时发挥净水、科普教育、提供公共空间、环境美化和营造动植物栖息地等综合功能。

在人工湿地的设计应用过程中，风景园林师的主要任务可以归纳为以下几个方面：首先需要了解多级人工湿地的基本技术原理，与相关合作专家进行良好的沟通，提出风景园林设计的构想；明确场地需要管理的雨水或污水水量和可能用于人工湿地建设的场地区域情况，将区域限制条件（面积、地形、植被等影响因素）向合作专家进行反馈；测定需要净化的水质情况，并以此为依据，综合考虑场地限制条件，与相关专家合作，确定基本的净化功能流程、净化技术措施、所需湿地规模和深度，并结合实际场地情况进行合理的空间布局组织；在相关领域专家的水力特征计算和基本结构细节设计的基础上，开展与公共空间特征相融合的形式设计，并在满足净化功能的前提下结合场地特征创造更加优美的景观效果；与专家合作，根据净化需求确定人工湿地净化区域的湿地植物类型和种植设计形式；根据净化后的水质确定再生水的利用方式，并结合景观进行再设计；充分考虑如何将人工湿地转化为公共空间，使其发挥美学观光、公共休闲和科普教育等功能，增加湿地的可亲近性。

1. 上海化学工业园人工净水湿地

上海化学工业园人工净水湿地占地约30hm²，每天可以净化超过22000m³的经过初步处理的工业废水，净化后的再生水可以作为园区的景观水源，也可以在园区内各种工业生产流程中进行循环利用。

整个人工湿地由易道公司的风景园林师和生态学家合作完成。针对污水中的化学污染物成分，制定科学的自然净水流程，初步净化的污水首先进入一个除氨的滴滤池，连接COD降解池，最后经过一个面积约22hm²的自由表面流湿地（图7-3）。

整个人工湿地也成为工业园中独特的休闲科普区。人工湿地内设计了一个面积约450m²的综合服务中心，包括会议室、科普教室、观景窗和小型参观码头，通过长约2km的木栈道与植物净水湿地相连。在净水湿地内设计有一个由沙砾堆积而成的湖心岛，人们可以从远处观察在岛上活动的鸟类，并设计有一个可以鸟瞰整个净水园区的观景塔。[5]

2. 西德维尔友谊学校庭院

在2006年，西德维尔友谊学校对一栋旧建筑进行了扩建，并利用1000m²的建筑庭院设计了一处人工湿地，使其作为一个"生态机器"对学校建筑物产生的污水和校园雨水进行净化。

庭院采用下沉台地式布局，自西向东被划分为五层，前三层为污水净化湿地（垂直潜流人工湿地），第四层是雨水渗透花园（自由表面流人工湿地），最下面一层为雨水池塘（自由表面流人工湿地）。

整个水净化系统主要包括位于地下的厌氧菌预处理设施，庭院内的三级台地植物净水湿地、循环滴滤池、雨水渗透花园、雨

图7-3 上海化学工业园（来源：易道公司）

水池塘和建筑内的储水箱六个部分，并针对建筑污水和场地雨水设计了不同的净化和再利用流程。

建筑污水首先进入地下厌氧菌预处理设施，过滤沉淀物后注入阶梯湿地，在重力的作用下依次流过三级人工净化湿地。每级人工湿地都采用垂直潜流湿地形式，污水从直径约5mm的砾石层下流过。砾石层种植水净化植物，污水可以与植物根系及根系微生物充分接触，使污染物得到固定。整个湿地具有自动控制系统，污水将在三级湿地中进行不断的循环，直至污染物含量达到安全标准为止。该过程中不会看到污水水流，可以有效地减少异味，也避免了学生与污水接触而造成潜在的健康影响。此过程需要3～5天的时间，净化后的污水将被紫外线消毒，注入建筑中的储水箱进行二次利用（厕所冲洗用水等）（图7-4）。人工湿地每天能够收集到约11500L的建筑废水，然后会有4～6天的储水净化期。人工湿地的高质量输出水可以被再利用，提供全部的卫生用水。整个系统可以进行全年运转，冬季建筑排放的污水具有一定温度可以保证人工湿地不发生冻害，但其生物过程会变得更加缓慢，净化效率会降低[6]。

场地收集的雨水将被直接汇入最下层的雨水池塘，通过表面流湿地净化就可以有效改善水质，降低悬浮杂质。净化后的雨水被过滤消毒后注入雨水储藏箱进行再利用（池塘水景补水、景观养护等）。当降雨强度过大，超过池塘的容量后，雨水将溢流到上层雨水花园。场地采用季节性湿地方式，模拟自然的水文动态的模式，使雨水通过土壤的自然过滤渗入地下，补充地下水源（图7-5）。

净化的污水和留存的雨水除满足建筑卫生用水需求外，还可用来进行景观灌溉，所节约的用水费用甚至高于日常运营管理维护费用，并可以节约排污费用，并避免氮、磷富营养化雨水排入

图7-4 西德维尔友谊学校庭院的建筑污水人工湿地净化系统

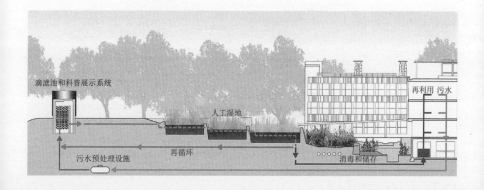

附近水体，造成水污染。根据2006年以来人工湿地的运行监测数据显示，与同类型和规模的建筑相比，新建教学建筑的水消耗量可以降低约90%。[7]

　　学生教育和公共参与也成为该人工湿地设计的另外一个重要的考虑因素。在庭院内设计了一处草坪户外课堂，作为室内与户外相结合的环境教育场地。设计师沿庭院通往教学楼的楼梯内侧，设计了一个具有艺术纹理的地表雨水排水通道，将屋顶汇入人工湿地的雨水排水过程清晰且有趣地展现出来，形成一个具有教育功能的水景观（图7-6）。湿地维护团队还为庭院设计了一个

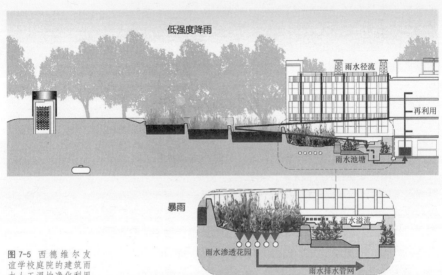

图 7-5 西德维尔友谊学校庭院的建筑雨水人工湿地净化利用系统

图 7-6 西德维尔友谊学校人工湿地的植物系统

智能监测系统，除用来控制系统的正常运行，保障净化功能质量
以外，其监测到的数据还可以与教师和学生共享用于教学研究。
学生也可以亲自参与整个过程。[8] 庭院内种植了超过50种的本地
乡土植物，成为学生可以形象地开展生物、生态和化学知识学习
的户外实验室（图7-8）。

7.3　空气净化和气候调节景观

　　城市已经成为空气污染最严重的区域之一。空气中的粉尘和
硫化、氮化污染物严重影响了城市居民的生活健康；大量的二氧
化碳等温室气体的排放带来了全球气候的变化；城市建筑物密集
分布、硬化区域面积较大和空气污染物增多也使城市区域产生了
严重的热岛效应。景观基础设施可以在城市污染气体集中产生的
区域和建设密集的城市空间环境中发挥自然空气净化的功能，改
善城市微气候环境，从而为城市居民创造一个舒适、健康的城市
公共空间环境。

　　1. 隧道藻类公园（Tunnel Algae Park）

　　隧道藻类公园是一个能够将城市二氧化碳等污染气体转化为
生物能源的独特城市公共空间（图7-7）。公园利用了一项进行
绿藻产业化生产的农业专利技术。绿藻可以用来固定和消耗城市
排放的温室气体（尤其是二氧化碳），从而降低城市气体废物的
排放，同时可以利用光合作用释放氧气，也可以被加工成生物燃

图 7-7 隧道藻类公园
设计图（来源：WPA2.0
竞赛）

料、生物塑料、有机肥料或者是动物饲料等产品，成为具有经济利润的城市新的资源。

方案以美国连接布鲁克林和炮台公园的城市交通隧道为研究场地，提出了连接隧道通风系统的藻类公园的设计想法。整个公园漂浮在曼哈顿附近的海面上，由绿藻生态反应器和硬质气囊组成。隧道排放的气体被输送到硬质气囊中储存起来，逐渐输送到一系列绿藻生态反应器中进行绿藻生产。在绿藻收获或加工时这些反应器可以被拆卸下来运输到加工工厂。硬质气囊安放在隧道附近的水域，可以作为大型码头或城市扩展的滨水区，气囊下层是二氧化碳的储存区域，上层空间可被设计为城市的公共开放空间。公共空间由特定的湿地、水域生境和广场平台组成，并包含滨海步道、集会广场、观景平台、活动草地、游泳池、垂钓平台等一系列服务场地，可以开展丰富多彩的城市公共活动（图7-8）。

隧道藻类公园被认为是"表现出了对现代基础设施的欲望，通过宏伟炫目的城市形式来制造经济、生态和社会的多元价值，提供必要的公共服务功能。"[9]

2. 空气树（Air Tree）

"空气树"位于西班牙马德里郊区的生态大道（Eco-Boulevard），是一个由可再生材料组成的可拆卸移动的轻型结构的人工空气调节系统，并结合城市公共空间营造形成一个高效的城市景观基础设施（图7-9）。整个"空气树"依靠安装的太阳能电池板产生能量维持自身运行，同时将多余的电能输送回当地的电

图7-8 藻类空气净化景观基础设施断面分析（来源：WPA2.0竞赛）

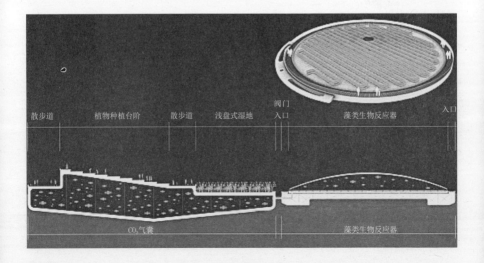

散步道   植物种植台阶   散步道   浅盘式湿地   阀门 入口   藻类生物反应器   入口

CO₂气囊   藻类生物反应器

图 7-9 空气树（来源：马德里新郊区的生态大道，《风景园林》，2010 年第 5 期）

图 7-10 空气树为人们创造舒适的公共空间（来源：马德里新郊区的生态大道,《风景园林》，2010 年第 5 期）

力公司，并利用由此得到的利润进行整个系统的维护，实现了能源需求和管理维护的自给自足。

它通常被安装在刚刚建成的城市区域，弥补由于缺乏高大的树木而产生的一系列城市环境问题。"空气树"可以作为发挥树木生态功能的巨型生态设施，既可以产生氧气，也可以进行空气污染物的过滤，更主要的是可以有效地调节周围的微气候环境，减轻城市热岛效应。空气树可以创造一个怡人的城市空间，在西班牙炎热的夏季可以使区域的温度比周围降低 8～10℃。同时，结合空气树的设置可以形成具有多种综合功能的城市公共空间，吸引附近居民来这里休闲（图7-10）。

"空气树"被设计为一个可以移动的临时性设施。随着时间的推移，植物不断生长，在区域生态逐渐趋于稳定，不再需要空气调节时，"空气树"将被拆除移至其他区域，只保留其周边的公共开放空间（图7-11），然后，"空气树"将被重新"播种"，以促进其他区域的城市公共空间的再生[10]。

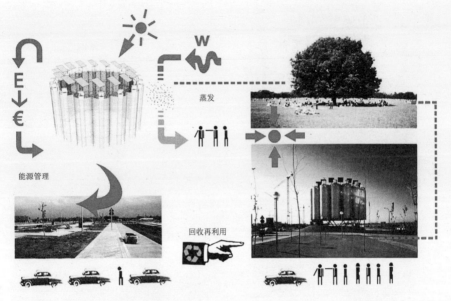

图 7-11 空气树的循环利用模式（来源：马德里新郊区的生态大道，《风景园林》，2010 年第 5 期）

第 8 章

生产性景观
——城市农业景观基础设施

现代城市目前存在着一定的农业生产和粮食安全问题。一个人口数量在1000万以上的特大型城市每天就需要消耗至少6000吨食物来维持整个城市人口的正常生存[1]。随着城市的进一步发展，对食物的需求将不断增大，而城市自身的食物生产能力却严重不足。大部分食物都需要依靠外围区域的输入，这使得城市面临着愈发沉重的食物供应压力。在城市的扩张过程中，大量的城市近郊农田被用来进行城市建设，农业生产与城市的距离越来越远。而且，随着城市居民生活水平的不断提高，对食物品质和安全的要求也逐渐提升，许多城市居民已经有意愿和能力亲自参与农业生产，以获得更加新鲜、健康和环保的农业产品。

城市一直以来被称作是"食物的荒漠"，但实际上，城市具有进行农业生产的潜力，尤其是具有生产保鲜期短，易腐烂的蔬菜、瓜果等农业产品的潜力。根据测算，如果采用现代园艺蔬菜种植方式，每年每平方米的土地能够提供将近50kg的新鲜蔬菜，并且生长期较短，许多蔬菜从播种到采收只需要2～3个月❶。美国在第二次世界大战期间推行的"胜利花园"就曾经利用住宅庭院和公共绿地解决城市居民40%的蔬菜需求，显示了城市强大的农业生产并进行自我服务的能力。

❶ http://www.fao.org/ag/magazine/9901sp2.htm。

城市农业生产景观基础设施强调将农业作为一种设计理念，结合现代城市空间、社会、经济、生态等方面的特征和要求，不断发掘城市景观与农业生产的关联性，并通过将二者进行创造性的设计结合，形成一种具有城市生产性基础设施功能的新型景观，并使其未来城市可持续性基础设施的一个重要的组成部分。

从总体上讲，城市农业生产景观基础设施的设计目标应当包含功能有效性、可持续性、经济合理性和独特性等几个方面。功能有效性是指应当满足现代城市的农业生产需求，能够适应现代城市的空间特征，具有可实施性；可持续性是指设计应当关注城市生态、满足城市居民对绿色生活的追求，而且可持续性还要求在城市农业景观基础的生产、运营、使用等过程中采用最适合城市生态循环系统的方法，促进城市的可持续发展；经济合理性是指物有所值，可以附加经济、社会、生态等多重综合效益，开展易于维护且对社会负责的项目，满足大众的需要；最后在独特性的要求下，应当创造出具有独特艺术美感、可被大众接受和使用的标志性景观。

城市农业景观基础设施是现代城市农业的一种重要形式，但与目前普遍研究的城市传统农业和观光农业等都存在着明显的区别。城市农业景观基础设施将重点关注现代城市的内部空间，对城市空间的利用方式进行重新定义，发掘并强化其生产性功能，并根据现代城市内部空间的形态和尺度、居民生产生活方式、城市生态循环系统、经济运营模式、社会参与方式、城市政策等方面要求，对设计策略进行一系列创造性的转变，创造出一种与城市经济、生态和社会系统相关联的新型城市景观类型。

（1）空间特征。高密度是现代城市的主要空间特征，也是城市农业发展所面临的重要挑战之一。尽管表面上城市用地极度紧张，但实际上城市中存在着大量废弃和未充分利用的空间。这些"失落空间"在现代城市中占据很大的比重，并且土地成本较低，具有巨大的利用潜力[2]。因此，城市农业景观基础设施将更多地考虑利用城市中闲置和未充分利用的土地（包括屋顶、阳台、道路空地、铁路沿线空地、建筑边缘区等），或者与城市公共绿地空间（包括城市广场、社区绿地、庭院、城市公园等）相结合[3]，采用灵活而富有弹性的景观设计手段，为这些土地赋予城市农业生产的功能，实现城市空间的功能复合化和废弃空间的功能、活力和经济的再生。

（2）生产方式。城市农业景观基础设施不同于传统的粗放式农业，其生产过程应当具有鲜明的城市特征，注重选择适宜城市范围内小型空间的高效农业生产类型。从农业生产的产品上来讲，通常应当选择生产适宜城市环境，具有高经济效益、观赏效益和生态效益的水果和蔬菜种类，在缩短生产周期和降低生产成本的同时，注重形成具有特色的优美景观。在种植技术上，可以通过对滴灌、无土栽培、容器栽培、立体种植、轮作等技术的研究和改良，形成更加适合城市空间的高产、高效和多功能的生产方式，实现单位面积城市空间的最有效利用。

（3）循环系统。在城市农业景观基础设施的设计中更加注重其与城市生态系统运行模式的有机结合，力求重新激活城市物质能源循环系统的良性健康发展。在水循环方面，设计应当对周边城市区域的雨水、再生水等废弃水源进行收集和生态净化，并用于农业生产灌溉；此外，考虑对城市有机废物（枯枝、落叶）、有机生活垃圾和排泄废物进行堆肥处理，将城市废物转化为农业生产的生态资源；在设计过程中也应当考虑新能源的使用，将太阳能、风能、沼气能等清洁能源作为城市农业生产和日常使用维护的主要能源。

（4）运营模式。城市农业景观基础设施的设计应当考虑其与城市经济系统的关联性，注重将城市生产和消费整合起来。在设计中要借助创新的运营模式，激发公众的热情和吸引社会的参与，将城市居民或社区组织作为主要的生产和日常管理力量，降低维护的成本，依托居民力量推动其健康发展；同时，在运营模式的设计中要制定合理的农业产品分配策略，如，可以通过农业劳动或家庭有机废物交换等方式无偿换取农产品，也可通过有偿购买的方式获得健康农业产品。

（5）社会促进。在设计中除了考虑城市农业所带来的经济效益和改善城市环境的生态效益，应当更多地将城市农业生产景观基础设施作为一种社会性的景观，赋予其更多的综合社会促进功能，包括用来加强城市内和社区内部的联系，作为公共活动的凝聚核心，缓解社会内部矛盾，建立和谐社会关系等，依托现代城市居民对可持续生活方式的追求和渴望，在城市社会生活领域引起一场激烈的变革[4]。

城市农业生产景观基础设施不是一个能够彻底解决城市粮食问题的方法，难以使城市农业达到完全"自给自足"的状态。应当理性地将其看成是一种有效缓解粮食危机的手段，并且需要在城市的背景下，更加关注其所带来的综合的生态、环境、社会和经济效益，并使其展现在公众面前，与市民的休闲和健康生活联系起来，使每一个城市居民使用者都能够感受到它所带来的好处。城市农业生产景观基础设施也不是一个一成不变的概念，而是会随着城市的不断发展，结合城市社会需求的改变和具体的城市情况，不断地发展出新的模式。而且，应当通过持续的实践和调整，不断地提升其在社会、经济层面的可行性。

8.1　城市立体农业

城市是一个高密度的空间环境，土地变得过于昂贵，很难再找到未被使用的大面积城市空间专门用于农业生产，所以需要采用能够满足城市空间要求的更加灵活而富有弹性的手段，可以从立体的角度积极寻找可以支持农业生产的被忽视的、未完全利用的城市空间。

城市构筑物的顶部空间、垂直的立面空间以及多层次的立体空间都可以被重新激活，进行城市农业的生产，使城市空间得到更加高效的使用，成为与城市紧密结合的立体农业景观基础设施。立体农业景观基础设施的效益不仅体现在经济价值上，同时，也体现了极大的社会价值，成为一个需要城市居民维护、可供居民使用的户外公共空间。此外，它也具有增加城市绿化面积、美化环境、缓解城市"热岛效应"和收集利用城市雨水等综合的生态效益。

1. 公共农场1（Public Farm 1）

公共农场1是纽约现代艺术博物馆和美国当代艺术中心共同举办的2008年青年设计师项目的获奖方案，并在美国当代艺术中心的户外庭院进行了建设。

公共农场1既具有城市农业生产的功能，又可以在夏季为户外聚会提供公共空间，将公共空间高架遮阳顶棚作为城市农业生产的平台，形成了一个城市立体农业景观基础设施。设计师运用由100%的回收材料制成的防水纸管，拼接了一个类似于飞机机翼形态并一直延伸到地面的遮阳顶棚，在顶棚的阵列纸管内种植了蔬菜、药材、水果等农作物，并且设计了雨水收集和滴灌设施，以及利用太阳能电池供应公共农场正常运行所需的电力，形成了一个可自我维持的高架的城市农业生产空间。顶棚的下层空间成为一个夏季舒适的户外公共空间，进行农业灌溉的雨水收集水池也成为空间内的一道水景，同时游客可以利用一个潜望镜清晰地观察顶棚上的农作物生长情况，并可以从一个销售亭内享受到屋顶作物生产出的新鲜果汁、蔬菜等食物（图8-1）。

公共农场1的关键之处还在于将公共娱乐与城市教育功能结合起来，可以围绕城市进行农业种植的体验和展示来提升社会对于城市农业公共空间公共意识。同时，公共农场1也提供了一个不仅不会影响城市公共空间功能，反而会带来更多的使用活力、社会教育等综合功能的城市农业景观基础设施范例（图8-2）。

图8-1 公共农场1立面（来源：http://www.publicfarm1.org）

图 8-2 公共农场 1 的
公众参与功能（来源：
http://www.publicfarm1.
org）

2. 盖里科莫青年中心屋顶农场（The Gary Comer Youth Center Roof Garden）

盖里科莫青年中心屋顶农场的总面积约为760m²，为学校学生提供了一个安全舒适并且与众不同的屋顶公共空间环境。整个屋顶农场是一个可以供学生欣赏、休息、实践和户外学习的环境优美的地方，同时具有非常高的农产品生产力，在2009年一年就生产了将近500kg的有机食品供给学校学生、当地的餐厅和咖啡厅。

屋顶农场打破了传统菜地的面貌，结合建筑屋顶的空间特点和实际的功能要求，以新的审美眼光在公共空间和城市农业生产场地间寻求平衡，成为广受学生欢迎的公共生产开放空间（图8-3）。在屋顶农场中同时设计了多个圆柱形凸起的天窗，可以为下层空间提供自然采光，同时也成为屋顶农场上一个富有韵律的标志性休息平台。

屋顶上覆土厚度从18～24cm，可以满足包括白菜、向日葵、胡萝卜、土豆、生菜和草莓等在内的多种农业作物的生产要求。同时，建筑屋顶形成了一个与周围环境有很大差异的微气候环境，使得在该屋顶上可以种植在其他气候环境下生产的农作物，而且这个屋顶农场在整个冬季也可以使用。

同时，在屋顶农场的设计过程中，风景园林师和建筑师、捐助者以及学校教师密切合作制订了一个屋顶农场的生产和维护计划，并聘请一位全职的屋顶农场管理者，进行屋顶农场的养护，以及结合农业生产制定教育方案使屋顶农场成为户外课堂，创造

图 8-3 盖里科莫青年
中心屋顶农场（来源：
www.asla.org）

性地让学生参与农场的生产和维护，学习园艺知识，增强学生的
环境保护意识。

3. 螺旋农场花园（Spiral Garden System）

螺旋农场花园是IIDA2010年国际竞赛的获奖项目。设计师在
密集的城市空间中，插入了一种螺旋上升的圆柱形垂直绿色空
间，在外围采用一种可透光的网状结构进行围合。整个农场花园
的结构轻巧，空间使用率高，在城市中具有很强的可复制性，能
够在多种城市空间中使用（图8-4）。

螺旋农场花园注重农业生产的生态性，结合城市特征建立了
物质和能源循环利用的城市农业生产模式，城市雨水和符合要求
的中水将从农场花园的顶层向下逐层过滤和被循环使用，透光多

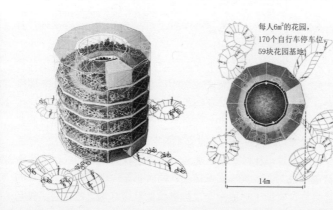

每人6m²的花园，
170个自行车停车位，
59块花园基地

14m

图 8-4 螺旋农场花园
（来源：http://ecoarch.
tumblr.com）

图 8-5　螺旋农场花园可以满足城市居民的农业生产实践需求（来源：http://ecoarch.tumblr.com）

孔的维护结构，保证多层植物可以接受到阳光，从而进行正常生长降低照明能源消耗，并实现可控的自然通风。在农场花园中也安装了生态能源利用设施，太阳能和风能都可以被利用，实现了能源自给。

整个农场花园同时也是一个垂直花园，是城市中一处独特的公共自然空间。城市居民可以在农场花园中观光、漫步，也可以亲自参与劳动实践，购买有机农产品。同时，整个花园犹如一个大的生态净化设施，可以发挥吸附空气粉尘、吸收二氧化碳、释放氧气、净化空气、降低环境温度、增加空气湿度等生态功能（图8-5）。

8.2　社区农业园艺花园

社区是城市中以区域进行划分，以家庭联系为主体的社会网络，是城市居民的一种主要组织形式。在霍华德的田园城市理想中就提出，需要对食物和社区之间的联系进行更加系统深入的研究和处理，以此将社区农业生产的自给自足与社区的健康目标联系在一起。[5]

通过开发社区内低效率使用的空间，将社区花园、绿地等公共空间、住宅庭院空间与城市农业结合在一起，形成一个能够进行农业生产，具有多种其他综合社区公共服务功能，以社区居民利益为驱动，由社区居民共同维护和进行生产，能够提高社区归属感和凝聚力的城市社区农业景观基础设施。

也就是说，社区农业景观基础设施不仅仅是在为社区提供新鲜健康的蔬菜、水果等农业产品，同时也是一个振兴邻里关系的关键措施，有助于形成一个更加健康的社区环境。社区居民既是社区花园的拥有者、使用者，又是其维护者和最直接的受益人，依靠这种紧密的关系，可以使社区农业花园得到更加有效和经济的维护和管理。社区农业花园创造了一个吸引公众参与的公共空间，并可以通过生产性的活动将社区的居民联系起来，通过劳动拉近社区居民的关系，并使居民在劳动中接受科普教育。

1. 西奥克兰社区农业公园（West Oakland Farm Community Park）

在两个非营利组织"时髦城市农场（City Slicker Farms）"和"翡翠基金会（Emerald Fund）"的支持下，CMG景观设计事务所在西奥克兰社区的一块面积约为8000m²的荒废土地区域内设计完成了一个社区农业景观基础设施项目，使该场地成为社区居民舒适的户外休闲设施和公共的城市农业生产区域。

场地被划分为果园、农业种植床、家禽养殖区、蜜蜂养殖区、租赁花园、小型运动场、游戏场、果树集会草坪和休闲公园等组成部分，成为一个功能多样且密集的生产性社区公共空间，发挥环境、经济、社会、娱乐、健康等综合的功能价值（图8-6）。

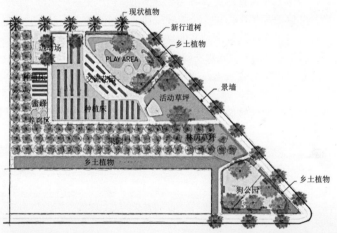

图8-6 西奥克兰社区农业公园（来源：http://www.cmgsite.com）

在设计过程中，本地居民的代表（包括街坊邻里、老年人、高中生、大学生等）和设计师共同成为设计的主导者，由本地居民提出对场地的功能愿望，而设计师负责对这些需求进行整合和合理安排，并通过协商确定最终的设计方案。设计师和社区居民都相信这个社区农业公园将得到社区居民的广泛使用，为社区注入新的活力，它的功能、形式和合作设计方式也将成为未来社区农业景观基础设施设计的典范。

2. 越南村城市农业（Viet Village Urban Farm）

越南村城市农业项目在2008年ASLA专业奖项中获得分析规划类的杰出奖，评委会认为它是"令人惊叹的城市农庄——在将来会出现更多这样的项目。设计方案体现了越南村住区中传统花园的特色，并凸显这一邻里空间的文化特征。"

越南村城市农业项目是一个与越南村社区密切结合，具有密集使用功能的生产性景观，其中包括一个主要的产品市场、一个商业农业生产区域和一个社区花园。整个项目的核心目的是希望通过城市农业项目的建设实现在新奥尔良飓风中被严重破坏的越南村社区的再生，构建一个能够支持城市有机农业生产，管理社区综合资源，成为社区经济催化剂，具有强大凝聚力，可以作为社区公共中心的农业景观基础设施（图8-7）。

整个项目同时注重在文化和环境方面的生态性。采用具有该区域农业传统的、通过有机认证的生产方式，包括综合虫害管理、堆肥、轮作等做法；建立生态环保的农业灌溉系统，并采用

图8-7 越南村城市农业
（来源：www.asla.org）

生物净化方法提高农业生产用水质量；更加有效地使用多种清洁能源，包括风能、太阳能等。

同时，项目着重考虑了维持项目正常运转的资金和劳动力配置问题。在项目的建设时期，资金主要来自地方政府的建设资金、社区公共建设资金和社会捐助募集资金，同时在前期建设中通过多种形式的志愿者参与来降低项目成本；在项目运营阶段，以社区居民为主要劳动力，通过多种形式的经营、参观体验等活动，不仅能够维持社区的正常生活和项目的正常运转，同时也可以获得更多的利润来维持社区的健康发展。

越南村城市农业区域也包含一部分社区的公共空间，满足居民日常的健身运动、休闲聚会等多种公共生活需求。

8.3　城市农业公园

城市农业公园展示了生产性的农业植物在它的生长和功能不被影响的前提下可以更好地与城市公共空间相融合，为提高城市的食物生产能力提供了探索性的策略，成为一个具有自然生产功能的综合性的城市绿色空间。

城市农业公园改变了传统的园林植物配置观念，使美观性、生态性和生产性、实用性共同成为公园植物选择的标准。生态园林中所提倡的包括蔬菜、水果、粮食、药材等在内的植物都可作为园林建设素材[6]。

城市农业公园的实现应当成为一种社会性行动，将日常生活和公园艺术融合起来进行一体化考虑——将环境美化、生态改善、农业生产、管理维护和休闲使用等功能结合起来形成一个景观基础设施统一体。

1. 巴尔德伟巴斯公园竞标方案（Valdebebas Park）

"互惠场"是弗莱切尔景观设计事务所在巴尔德伟巴斯公园国际竞赛中提出的竞标方案，"针对全球范围内的食品、能源和水资源的短缺，以及马德里城市边缘景观缺乏的情况，试图探寻一种新型的多功能城市农业景观基础设施"[7]（图8-8）。

在公园设计方案中，根据场地现状高差情况，规划了四个农业梯田，包含一块块可进行农业生产的景观田地，种植不同种类的农业作物，保证在全年的各个时间都有生产活动。同时，公园还将收集公园内及周边城市的有机物垃圾进行堆肥处理，为公园内的农业产品种植提供有机肥料。参加堆肥和农业生产管理的城

图 8-8　巴尔德伟巴斯公园竞标方案（来源：互惠场——西班牙马德里里尔德为巴斯公园概念设计，《风景园林》,2009 年第 3 期）

市居民将免费获得公园的农产品，从而在公园与城市居民之间形成了一种"动态互惠"的关系。

在农业梯田之间还分布着三条带状的城市公共空间。在这些空间中分布有篮球场、小型足球场、网球场等城市健身运动空间，广场、绿地、水池等城市休闲娱乐空间，以及露营、野炊等公共空间等，以实现城市公园的多种综合公共功能。

此外，在公园中也建立一个满足城市农业生产和公园景观功能的集雨水收集和水质净化功能于一体的水资源综合管理系统。城市和公园的地表径流水经过小溪、湿地、河流系统的生态净化后储存在公园的蓄水湖区内，既可形成公园内优美的湖区景观，又可作为城市农业灌溉用水。

2. 谢尔比农业公园（Shelby Farms Park）

FO景观设计事务所设计的谢尔比农业公园将成为美国田纳西州孟菲斯市的一个新的城市景观基础设施。公园的前身是一座劳改农场，已被停止使用，现在这里即将成为面积约为1800hm²的城市公园。沿着沃尔夫溪流，这里遍布着树林、草地、山坡、湖水等优美的自然风光，在公园的设计中，这些自然环境都得到妥善的保留和修复，同时延续了场地农业生产的传统，形成了一个具有公园面貌和城市农业生产体验功能的新型城市开放空间（图8-9）。

公园的设计提出了"一座公园，100万棵树和12处风景"的设计理念。一座公园意味着要体现城市共享的理念，实现城市连通、生态系统完善和功能多样性的目标。100万棵树是指着要改善

图 8-9 谢尔比农业公园（来源：谢尔比农业公园,《世界建筑》,2010 年第 1 期）

区域生态环境，增强区域的生物多样性，发挥城市自然空间的生态系统服务功能。同时，在公园内延续场地自然和文化的特征，形成12处风景，包括湖泊休闲区、户外运动区，家庭园艺花园和农艺学校培训等，满足多样复杂的城市功能需求。

随着整个公园的农业功能的不断拓展（包括生态体验农场、休闲健身农场、能源农场等多种类型的城市农业形式），将形成一个位于城市外围的具有农业特色的大型城市公共开放空间，将传统的农业生产方式与现代城市生活和休闲方式进行融合，提供了一个未来农业公园可能的发展方向。[8]

第 9 章

再生景观
——废弃基础设施的再利用

　　在城市的发展过程中，经济生产模式、社会生活方式、城市发展思路和空间结构的转变都将引起城市基础设施的改变，使得城市基础设施总是处于不断更新变化的过程之中。许多基础设施由于在空间布局，或者使用功能上已经很难满足现代城市的需要，因而导致其产生功能性的衰退，逐渐被废弃闲置，如废弃的城市道路、码头、铁路、车站、机场、水库、水渠、堤坝等。

　　这些废弃基础设施是城市发展的必然产物，在城市中分布广泛。而景观可以在这些废弃的基础设施空间中寻找到新的发展潜力，实现"变废为宝"。通过利用基础设施的废弃空间，结合其原有特征，解决存在的污染、安全隐患、活力丧失等多方面问题，综合协调限制性因素，在改善城市环境的同时，赋予其多种类型的城市公共使用功能，重新诠释其在现代城市中所发挥的作用，为现代城市的发展提供新的机遇。

　　1. 高线公园（The Highline Park）

　　高线铁路建成于20世纪30年代，曾经是曼哈顿街区一条重要的城市高架货运铁路线。在20世纪80年代，高线铁路被停止使用，并逐渐荒废（图9-1）。2003年，在非营利性组织"高线之友"（Friends of High Line）的推动下，纽约决定对高线铁路进行改造，建设高线公园，并同期举行了国际设计竞赛。最终，由詹姆士·科纳带领的FO景观设计事务所获得竞赛的第一名。目前，高线公园已经建设完成并对外开放，取得了非常积极的反响。

　　高线公园的设计出发点源自发现高线铁路之美，赋予城市中一块曾经非常重要的基础设施用地新的活力，将一个废弃的城市交通基础设施转变成为一个充满活力的现代公共休闲廊道，实现了城市基础设施的景观再生（图9-2）。

图9-1 荒废的高线铁路（来源：www.asla.org）

图 9-2 高线公园成为穿越城市的开放空间廊道（来源：www.asla.org）

设计师采用"植—筑"的设计概念，将自然植物栽植与硬质铺装材料巧妙地融合起来，在不同区域设置二者不同的配置比例关系，从硬质铺装区域到软质植物区域进行不断变化，从城市居民较多使用的功能空间（100%硬度）过渡到由自然占领的植物群落环境（100%软度），创造出多样的空间环境体验类型，包括荒野的、人工的、私密的、公共的空间等。

高线公园的一个突出特点就是在繁忙的城市中心区域开辟出了一条带状的可以让人逃离城市拥挤环境的独特的城市公共空间，与其周围的城市环境形成了鲜明的对比，保留了场地原有的与众不同的野趣，创造了悠然自得的公园风格，同时也并没有降低一个现代城市公共空间应当具有的大众性和功能性要求（图9-3）。

高线公园的设计也遵循了基础设施的原有特征，采用单一的线性造型和简单实用的空间划分形式，树木、灌木丛、藤本植

图 9-3 作为城市公共空间的高线公园（来源：www.asla.org）

物、苔藓、野花、草类等适应该环境的浅根系植物与铁轨、枕木和混凝土融合于一体。在铺装上，选用类似于铁路的模块化的铺设方式，以五种标准化的混凝土块为基本单元，在接缝处留有允许野生植物生长的缝隙接口。铺装形式就像铁轨独特的肌理一样，沿着铁轨前进的方向不断延伸。[1]

2. 南森公园（Nansen Park）

20世纪40～70年代，南森公园所在的场地是挪威重要的机场——奥斯陆国际机场。1998年，机场被正式关闭并迁出该区域，遗留下一个总面积约为400hm²的废弃基础设施用地。挪威政府计划利用该区域发展一个新的城市中心区，依托景观形成城市新区新的框架，在中心区域建设南森公园，清除场地内的污染物质，推动整个城市区域的发展（图9-4、图9-5）。

南森公园为城市新区居民提供了富有多种使用功能的，充满吸引力和活力的城市中央公共空间。在设计中，公园强调呼应场地曾经是机场基础设施的历史，保留场地的独特特征，在顺应原有机场基础设施遗留的场地结构的基础上插入柔和的自然元素，形成优美的空间环境。

以机场原有航站楼为起点，沿公园南北向轴线，设计贯穿全园的水系，穿过一系列充满趣味的跌落溪流，最后汇入面积约为6000m²的中心湖区，并在水系中，通过一系列的生态水净化措施保证水质，形成高品质的滨水环境（图9-6）。

图9-4 南森公园改造前（来源：http://www.landezine.com）

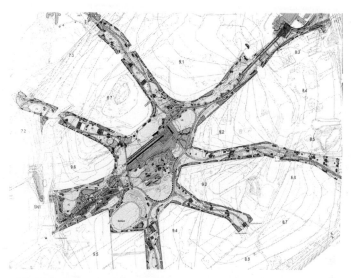

图 9-5　南森公园规划平面图（来源：http://www.landezine.com）

图 9-6　南森公园水系（来源：http://www.landezine.com）

　　公园设计了七条从中心区深入新区内部的带状绿色公共空间，形成未来新城的绿色骨架。在这些绿色区域设计了排球场地、鲜艳的塑胶铺地游戏区、小型休息空间和健身广场等，并保留了场地内原有的富有特色的机场构筑物。

　　南森公园通过景观手法赋予废弃基础设施新的生命，并为整个区域的活力再生创造了良好的激发条件。

第 10 章

景观基础设施网络
——依托基础设施的城市生态网络构建

　　当今，受到快速城市化的影响，城市区域正在不断地向外扩张。许多城市已经逐渐连在一起，成为规模庞大的现代都市群。城市与自然的空间关系已经发生显著的改变。这些灰色的城市组团正在像肿瘤一样，不断地侵蚀周边的自然环境，城市内部的绿地空间也在不断缩减（图10-1）。

　　土地被分割为小块的、更加孤立的斑块，导致了大量的土地破碎化问题，使得自然环境的整体性遭到破坏，自然循环过程和功能发挥都受到不同程度的影响：资源利用不足，城市环境退化严重（大量城市周边和内部的耕地、林地被侵占，城市扩张边缘区的环境极度恶化），休闲和审美质量显著降低（开放空间被侵占，城市成为巨大的钢筋混凝土建筑群），城市的负效应被放大（热岛效应、城市洪水、空气污染、水体污染等），动植物栖息地遭到不同程度的破坏（城市同化了自然的多种生境，致使动植物栖息地锐减，降低了动物从一个栖息地迁徙到另外一个栖息的能力，减少了物种多样性还威胁了某些物种的生存，城市已经成为野生动植物的荒漠）。[1]

　　城市绿地系统对于维持城市的生存和发展具有基础性的作用。它已经从单纯地具有审美、休闲功能扩展到应该发挥城市的

图10-1 现代城市扩张（来源：http://agmetalminer.com/2011/01/14）

生态、社会和文化基础服务功能，成为一项重要的基础设施系统，是城市中不可缺少的重要组成部分。在现代景观生态学和绿色基础设施理论的指导下，构建与城市相融合的具有空间联系的城市绿地空间网络是城市绿地能够更好地发挥各项城市服务功能的有效形式，也逐渐成为未来风景园林学科研究和城市绿地建设的一个重要的发展趋势。

在这样的背景下，结合之前对主要的景观基础设施类型的构建模式研究，未来的城市绿地系统网络可以以现有的城市基础设施空间网络为骨架，整合多种类型的城市绿地空间和未充分利用的潜力空间，构建一条凝聚城市综合功能，具有多元公共活力和联系城市各组成部分的纽带。这也是在已建成的城市环境中，基于已有城市结构，通过挖掘潜力空间，实现城市绿地系统存量优化的一种有效途径。

10.1 现代城市绿地系统的实施困境和发展趋势

城市绿地是自然在城市生态系统中的主要存在方式之一，城市绿地与城市空间的结合形式，即如何在现有的城市空间条件下，通过对城市绿地的合理布局，在自然与城市间建立更加融洽的空间关系，进而最大化地发挥绿地系统的服务功能，一直是城市绿地系统规划领域的一个重要的研究课题。

一直以来，城市绿地系统都被当作城市发展的缓冲区和避免城市粘连的屏障，是城市与自然环境之间的联系纽带。但是有证据显示，现有的城市绿地系统模式在实施和维持上还存在着相当大的困难，尤其是在已建成的城市环境中，对绿地系统进行建设和维护更是难上加难。伴随着城市化发展和城市建设用地不足的巨大压力，城市边界正在不断地向城市绿地和周围自然环境扩张。城市绿地总是被不断地侵蚀缩小，那些在规划中被预先保留的大面积绿地被侵占得更加明显。有些城市绿地由于受到多种因素的影响，与城市其他建设用地存在着大量难以调和的矛盾，致使其只被规划而不被实施。对于城市已建成区域来说，现状土地权属的制约使得绿地系统的规划和实施难度都比较大。尤其是在发展中国家，由于面临更加严峻的快速城市化，在巨大的土地经济制约下，绿地系统的实施困难可想而知。

北京市规划委员会的黄艳副主任在2007年举行的"城市文化国际研讨会暨第二届城市规划国际论坛"中就曾经明确表示："尽

管已经针对北京提出了利用绿化隔离带和隔离区来制止其'摊大饼'式的扩张发展，但是实现起来非常困难。最早的时候北京的绿化带有超过300km²的面积，在规划的时候还剩240km²，当把所有安置问题解决以后还剩100km²。绿地在城市建设中受到侵占，绿化带已经很难再定义下去了，已经不是绿化带了，目前还遗留有大量的问题需要政府来解决。"[2]

城市绿地系统规划从本质上讲是对城市土地进行不同功能和用途的分配规划。在规划中，城市绿地与其他功能用地通过一条明确而清晰的界限进行划分，使得不同用地之间处于一种土地争夺的状态。在短期经济利益的驱使下，城市绿地通常处于弱势的地位。尽管城市绿地系统作为一种城市的软性基础设施，在城市中发挥着不可替代的作用，但其与灰色基础设施具有明显的差别。当灰色基础设施缺乏时，所带来的影响往往是直接而迅速的，停水、停电，或者地铁停运都会产生瞬间比较大的经济和社会影响；但当绿色基础设施减少或消失时，它带来的影响通常是缓慢的或者是间接表现出来的，往往不容易被迅速察觉从而得不到重视，但是却会产生更加严重和难以弥补的危害。绿地空间通常是城市中最容易进行建设的区域，从这个角度来看，城市扩张侵占城市绿地有其"自然的推动趋势"，如果没有法律法规的强制性约束，绿色空间的建设和维护是很难实现的，并且其建设效果也往往不尽如人意。

因此，在保证城市绿地系统的综合功能有效发挥的前提下，如何在现代城市中寻找到可以承载它的空间，并使其具有一定的空间稳定性，保证其在城市发展过程中不容易受到侵占，成为未来城市绿地系统研究的一个重要方向。我们可以从波士顿开放空间系统的规划中获得一些启示。19世纪90年代末，当奥姆斯特德完成波士顿公园系统——"翡翠项链"项目后，他的学生查尔斯·艾略特（Charles Eliot，1859~1897年）继承并发展了他的思想，希望能够建立一个覆盖整个城市及其周边区域的绿色开放空间网络，从而在城市环境改善方面发挥更大的作用。但是波士顿是一个老城市，已经很少有大量空地来进行城市绿地系统的建设。因此，艾略特构想利用波士顿的未充分利用的荒废土地建立一个开放空间系统。在当时的技术条件和土地利用思想的影响下，湿地、陡坡、崎岖山地都是因为难以利用而没有人愿意使用的土地，艾略特就是征用这些土地来作为城市开放空间网络的载体。艾略特思想的伟大在于他在城市的空间夹缝中寻找可以利用

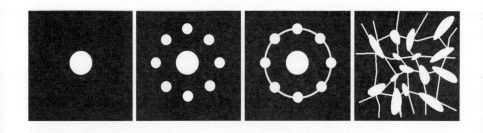

图 10-2 城市绿地系统
发展趋势的概念分析

的场地，并将其转化为有用之地。[3] 尽管随着技术的发展，现在
这些土地都已经可以作为城市建设的开发用地，但是技术的提升同
样可以使我们有能力在现有的城市组成部分中发现更多新的机遇，
这也为构建满足现代城市发展要求的绿地系统提供了新的机遇。

　　通过对城市绿地系统的发展进行研究，可以看到，城市绿地
系统的发展已经经过了由集中到分散，由分散到相互联系的历
程，未来其将走向与城市其他功能结构的融合（图10-2）。

10.2　景观基础设施网络的构建

　　景观基础设施网络的构建是指以景观生态学和绿色基础设施
思想中的生态连接理论模型为指导，结合景观基础设施的设计思
想和方法，依托城市基础设施网络（包括城市河流泄洪廊道，密
集的城市道路网络，复杂的城市供水、排水和防洪系统，城市水
处理和废弃物处理设施等）构建一个连续、多功能、高效的景观
基础设施网络，将正在日益分解、减少的现有城市绿地和其他具
有绿地利用潜力的城市空间和设施进行有效的衔接。

　　景观基础设施网络是城市绿地系统的一种新的模式，已经与
传统的绿地系统模式存在了一定的差别。它极大地扩充了城市绿
地系统原有的内容和形式，不再局限于城市绿地、公园、道路防护
绿地等形式，而是适应当代城市的高密度和不断扩张的特点，利用
现有的一切可以作为城市绿地载体的城市空间资源，打破空间的界
限，从而实现城市绿地系统与其他城市功能结构的有机融合。

　　景观基础设施网络不是被动地保护城市中正在不断减少的自
然环境和绿地，而是在现代城市基础设施的系统网络结构中，积
极地寻找嵌入城市绿地公共空间的机会。城市绿地公共空间也不
再是一个在城市中独立存在的"弱势群体"，而是一个与城市传统
基础设施系统共生的多功能混合系统。

10.2.1 景观生态学和绿色基础设施思想中的生态连接理论

景观生态学理论阐述了生态系统的结构和功能原理，将其总结为斑块（patch）、廊道（corridor）、基质（matrix）模式，成为景观生态学描述生态系统的"空间语言"。斑块是指在外貌或性质上不同于周围环境，且具有一定内部均质性的非线性空间部分。廊道是指景观中与其两边相邻的环境在土地利用的内容和物理结构方面有所不同的线性或带状结构。基质是指景观中分布最广，连续性最大的背景结构。[4]

在此基础上，绿色基础设施提出了一个由中心控制点（hubs）、连接通道（links）和场地（sites）构成的城市绿地系统（图10-3）。中心控制点是野生动植物的主要栖息地，同时也是整个大系统中动植物、人类和生态过程的"源"和"汇"。中心控制点会以各种形式和规模出现：包括大的预留地和保护地（国家动植物保护区、大型城市公园等）、大型公有土地（国有森林区域等）、私有的生产性土地（农田、果林、农场等）和社区公园绿地等自然特征和过程能得到保护和恢复的区域。连接通道是将系统整合的纽带，用来维持关键的生物过程和野生生物种群的健康与多样性。景观的连接，尤其是那些长距离、宽通道的连接，不仅能将现存的公园、保护地以及自然地域连接起来，为本土的野生生物提供充足的繁衍空间，也可以连接不同的生态系统和景观，

图 10-3 绿色基础设施连接理论模型（来源：马克·A·贝内迪克特，爱德华·T·麦克马洪《绿色基础设施——连接景观和社区》）

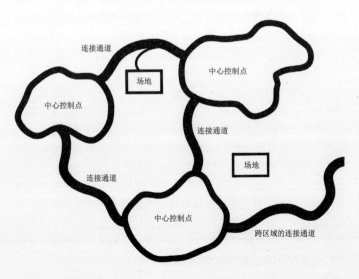

还可以作为保护历史地段和进行休闲活动的空间。场地比中心控
制点要小，也不一定会与整体的网络或区域保护系统相接，但就
像其他要素一样，对生态、社会价值具有重要的贡献。[5]

景观生态学和绿色基础设施思想中的生态连接理论都以保护
自然生态系统的结构和功能的完整、健康发展，维护自然生物多
样性和生态系统稳定为最根本的目标，同时也注重发挥更多的其
他综合功能。在景观基础设施网络的构建中，生态连接理论具有
重要的理论指导意义，但是由于景观基础设施的建立通常都是基
于整个宏观区域的大尺度自然生态系统的基础之上的，因此，生
态连接理论在城市区域的运用需要进一步的研究。

10.2.2 基于生态连接理论的景观基础设施网络的构成模式

景观基础设施网络以生态连接理论为指导，并结合现代城市
特征进行了一定的调整，它不是单纯地为了构建一个自然的绿色
生态网络，而是针对城市生态系统的特征和功能需要，构建整合
能源流动、物质流动、水文流动、生物流动、社会作用力、人的活
动等多方面因素的综合网络。景观基础设施网络内的各组成部分在
不同的区域范围和空间尺度下具有不同的功能侧重和构成方式。

从廊道的角度来看，针对城市不同区域可以采用具有不同功
能侧重的廊道类型，并在宽度和形式等方面采用更加灵活的策
略。在城市的外围环境和城市与自然的过渡地带，廊道满足动物
迁徙和植物多样性的功能意义比较明显；但在城市内部尤其是城
市核心区，廊道作为一个生物廊道的功能变得次要，相比之下，
它的社会意义就显得尤其重要，可以将城市居民联系起来，形成
一个充满活力的城市空间网络，既是一个用来衔接城市不同区域
的空间网络，鼓励市民的相互融合，也可以形成连续的城市慢行
系统，将城市的风景、休闲和历史文化资源联系起来，以及发挥
雨水管理、微气候调节、小型动物保护等更多样的廊道功能。

在景观基础设施网络中，廊道除了包括城市的防护绿带，也
可以依托线性的基础设施，包括泄洪渠、城市河道、排水管网、
道路、轨道交通线、城市铁路、输电网络等，形成多条景观基础
设施廊道（图10-4）。景观基础设施廊道与在道路、泄洪渠等外
围修建的防护绿带有着本质的不同，其更追求一种相互融合的形
式，可以是多层次的交叠，也可以是多功能的糅合，并注重将周
边的城市空间环境整合起来。

城市的基质更多地分布在城市的外围和边缘过渡区域，以及

图 10-4 休斯敦的
Post Oak 大道成为穿
越城市的都市森林
（来源：SWA 景观设
计公司）

城市内部面积较大的自然区域，包括城市山林、森林、湖泊、河
流、湿地、自然保护区、农田、果园等，是城市大面积的生态基
底，构成城市的核心自然供给和净化系统。在景观基础设施网络
中应当以保护和恢复城市基质完整性作为核心任务，避免城市扩
展对其造成侵占和分割，使其具有一定的面积并在空间上占有主
导地位，为城市提供新鲜的空气、水源、食物、能源等资源，发
挥生态系统的服务功能，并作为野生动植物的栖息地，保持生物
种类的多样性，提升生态系统的稳定性。

城市的斑块广泛分布于城市的内部区域，有些通过廊道进行
连接，有些则独立存在。这些城市斑块除了包括城市公园、广
场、街旁绿地、社区公园等传统绿地形式，也包括大量的点状景
观基础设施，如码头、停车场、垃圾填埋场、污水处理厂、雨水
花园、屋顶花园等，以及城市中一切未充分利用的土地（图10-5）。
城市斑块追求利用一切具有城市绿地潜力的空间资源，强调一种
均衡分散式的分布形式，从而形成更紧凑的城市绿地系统服务覆
盖网络。城市斑块的大小也需要根据场地实际情况而定，而不是
一味地追求大型的城市空间，盲目追求大城市空间是一种非常
不经济的土地利用方式，可实施性较低且完全没有必要，因为

图 10-5 轻轨车站成为城市绿色公共空间（意向图）（来源：SWA 景观设计公司）

不是一定只有大型绿地才具有生态效益。虽然每一个绿地斑块较小，斑块个体的生态功能相对较小，但由于绿地斑块数量众多，且分布均衡，它们结合起来所发挥的城市绿岛功能的总和将不亚于大型城市绿地。这种广泛分布的多形式城市斑块已经渗透到城市的每一个区域，在城市空气净化、雨水净化和下渗雨水、防灾避险、为市民提供休闲空间等方面都具有显著的生态和社会效益，对于改善城市环境质量的效果非常明显，实施潜力较大，更加适应当代城市的空间结构特征和功能要求。

景观基础设施网络的一个最显著的特点是力求实现城市绿地系统与城市其他组成部分的有机结合。那些有单独用地界限的城市绿地正在逐渐溶解，而以更加生态、简洁、灵活和具有创造性的形式，融入城市内部的绿地网络，并与城市边缘和外围的自然基质建立联系。这表明城市绿地系统不再是一个需要与城市其他用地竞争的单独地块，而成为"弥漫在整个城市区域中的绿色液体"。[6]

10.2.3 景观基础设施网络的发展优势

1. 景观基础设施网络在城市中具有更高的稳定性

在现代城市发展的过程中，城市绿地系统作为一种绿色开放空间的组织形式，在控制城市用地的能力方面，通常情况下要远比城市基础设施和建筑差得多[7]。景观基础设施网络以基础设施作为组织城市绿地系统的空间载体，依托于基础设施的空间网络，可以使城市绿地系统不易被随意侵占，并且可以使绿地系统在城市中获得更多的建设发展机会。

　　因为绿地系统与基础设施二者具有结合的内在稳定性，所以景观基础设施网络是建立在城市绿地系统和基础设施网络的空间和功能协同的基础之上。城市的道路交通、供水排水、电力输送以及其他的城市基础设施本身就连接为一个网络；而城市中独立存在的单个城市绿地空间也需要形成相互联系的系统网络才能有效地发挥其生态和社会功能。这种网络化的共同特征，可以被加以利用，形成景观基础设施网络的构建基础。

　　2. 景观基础设施网络具有适应现代城市的更强的灵活性

　　景观基础设施网络遵循景观生态学和绿色基础设施理论，以生态连接理论作为其构建的依据，并针对城市生态系统的特点进行了结构调整和功能扩充，主张在城市的不同区域（外围、边缘地带、新区、建成区）采用不同的结构形式和功能侧重，具有更强的可实施性。

　　在高密度的城市发展背景下，景观基础设施网络的构成元素不再局限于传统的城市绿地空间形式，而是挖掘一切可利用的绿地空间资源，提高现有城市空间的承载能力，将道路附属空间、城市铁路附属空间、城市排洪渠、建筑屋顶、垃圾填埋场、污水处理设施、工业废弃地等区域加以充分利用，使这些地方成为建设城市绿地系统的宝贵空间资源。在具体的设计过程中，景观基础设施主张结合具体的场地特点，采用灵活和富有创造性的设计方式将城市绿地嵌入现有城市结构中，在功能和形式方面实现与城市更加紧密的融合。

　　3. 景观基础设施网络的功能效果更加显著

　　在景观基础设施网络中，城市绿地系统和基础设施系统实现了双赢的发展，二者相结合可以形成具有更多样的功能和更高的综合效益的整体。

　　城市绿地系统依托基础设施在城市范围内扩展，并逐渐渗透到城市的各个组成部分，以此可以大量增加城市绿地开放空间的面积，实现绿地在城市中更广泛和均衡的分布。这种大量的多种形式的绿色公共空间可以使城市绿地系统的功能更加分散化，从而使绿地系统发挥更高的功能效率，同时也更方便城市居民的接近和使用。

　　在景观基础设施网络中，城市基础设施成为协调城市绿地开放空间系统的控制手段。它不再遵循现代主义的极简原则，而是追求在空间、生态和功能等方面实现复杂性特征，从而更加符合多样化的现代城市的功能需求；它也不再采用只具有单一功能的机器模式，而成为一个具有多种综合功能的有生命的系统。现代基础设施的潜力将得到进一步的挖掘，其所产生问题也将得到不同程度的缓解。

4．景观基础设施网络作为促进城市再生发展的动力

景观都市主义将景观看作是可以介入城市内部，并对城市未来发展发挥积极引导作用的一种有效的手段[8]。但是，在目前的条件下，这种景观引导城市发展和建设的观点还是缺少广泛的认同。而景观基础设施网络可以作为这一理论观点的重要实践形式，突破传统城市发展和建设的常规，运用景观基础设施的设计思想作为媒介对城市元素进行更加有效和自由的重组，为未来城市的发展和变化提供一个基本的结构框架。

基础设施网络已经发展为连接现代城市的一个重要基底。通过与景观的结合，可以将单一功能的刚性基础设施网络转化为加强城市空间联系，促进区域经济发展，改善城市环境质量和增强城市活力的强大的城市再生发展网络。

10.3　基于景观基础设施网络的生态城市

在现代城市已经面临越来越严重的生存和发展危机的背景下，建设城市与自然、城市与人之间关系融洽，能够健康、稳定、持续发展的生态城市已经成为未来城市建设的重要发展趋势。城市基础设施是保证城市生存和发展的基础，因此，在生态城市建设的过程中，基础设施将发挥关键性的作用，是实现生态城市所必需的重要组成部分。

从整个城市的范围来看，景观基础设施网络可以整合城市资源，强化基础设施的基本服务功能，从自然生态、社会文化、经济发展等方面广泛遵循生态学原则，满足城市未来发展的多种综合功能需求，实现城市、自然和人之间的和谐发展，可以作为现代生态城市建设的一种有效的手段。在深圳前海新城规划、旧金山金银岛再生发展规划、潍坊水系生态网络规划、兰州山水城市规划中，都是在城市中构建景观基础设施网络作为城市的基本结构和功能发展框架，并以此实现建设可持续发展的现代生态城市的目标。

10.3.1　深圳前海新城规划

深圳前海区域位于珠江入海口，伶仃洋东面，蛇口半岛西部，背山面海，自然资源条件非常优越。2010年，随着前海城市

新区发展规划获得国家的正式批准，深圳启动了"前海地区概念性规划"的国际招标，最终由FO景观设计事务所提交的水城（Water City）方案获得第一名。

目前，全世界都在开展大规模的城市建设，但绝大部分建设并没有能够充分挖掘城市自身的特色，而是采用一种相类似的模式，最终造成了毫无特色的现代城市面貌。FO景观设计事务所采用了完全不同的做法，他们从挖掘城市自身的环境、文化、社会等方面的特征入手，试图塑造一个与众不同的城市形象。通过研究，他们认为水是场地中最具活力的元素，并将水作为未来城市的结构框架，进而提出将前海新区打造成一座21世纪充满魅力的新的生态水岸城市（图10-6）。

图10-6 水城方案（来源：打造水城，《风景园林》，2010 年第5 期）

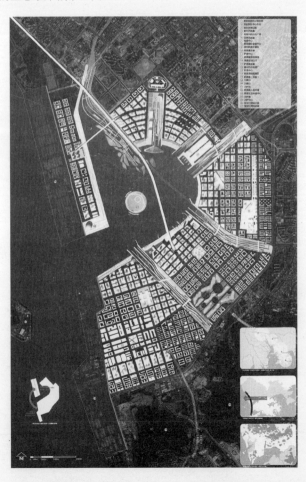

图 10-7 水城方案在前海新城中构建的景观基础设施网络（来源：打造水城，《风景园林》，2010 年第5 期）

在水城方案中，景观已经从作为城市一部分的公园，拓展到整个城市的表面区域，通过与城市基础设施的融合，形成了复杂的具有多种功能和层次的景观基础设施网络（图10-7）。方案以景观基础设施网络作为城市中各要素的联系纽带和功能载体，整合大量的城市要素，并以此推动整座城市的整体可持续发展。城市水体、交通运输、区域类型、雨水综合管理、废弃物处理等都成为前海新城重要的景观基础设施组成部分，既充满独特的创造力，又可以有效地发挥城市服务功能，兼备灵活性和适应性，可以随着城市的发展逐渐显现出巨大的发展潜力。

1. 线性滨水走廊

水城方案利用了现状中流经场地的污染严重且存在洪泛问题的城市河流和排水沟，采用创新的景观生态设计手段对它们进行了改造，构建了五条穿过前海新区的连接城市和海湾的线性滨水廊道，作为具有自然活力的新区空间骨架（图10-8）。

这五条线性滨水走廊是具有城市水体净化和城市雨水管理功能的景观基础设施，不仅能够改善水质，而且可以控制区域洪水。每一条滨水走廊都包含了一系列的阶梯状湿地，湿地内种植适应场地气候条件的具有生物净化功能的水生、湿生植物，使穿越城市的水体中的污染物质在汇入海湾之前得到有效的过滤和净化，缓解城市的水污染问题。

由于受到大铲港填海建设的严重影响，前海新城海湾内的水

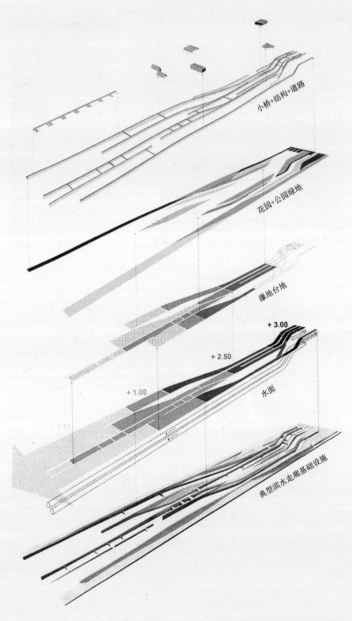

图 10-8 水城方案中的线性滨水走廊轴测分析（来源：打造水城，《风景园林》，2010 年第 5 期）

流循环较差，滨水走廊的设计可以整体提升新城内部的水循环能力。设计利用位于基地北部的泵站将珠江水引入湾区，驱动滞留在海湾内的水向外流出，通过加快湾区内的水循环速度改善水质。通过对自然水文的分析模拟，位于海湾中部的人工环礁也将发挥水流引导的功能，使得海湾内的水可以充分地循环。

这些线性滨水走廊将成为嵌入新城内部的自然空间，形成由陆地向水域过渡的多种自然生境类型，为城市内重要的动植物营造栖息地环境，在维持城市生态平衡和发挥自然生态功能等方面发挥十分重要的作用。

它们也将成为城市公园和社区公共场所，创造多种形式的市民活动空间来满足居民多样的公共活动和休闲娱乐需求。这些滨水空间走廊将显著地改善整个前海新城的居住和休闲环境质量，推动周边区域的整体发展。根据规划，滨水走廊沿线将被最大限度地整合发展，成为新区密度最高和功能最丰富的区域，也将成为新区最具活力的带状空间（图10-9）。

整个新城的公共空间和绿地不仅包括线性滨水空间，还包括位于各个区域中心的城市公园绿地、沿海湾的滨水开放空间和滨海步道、结合新城污水处理厂的休闲绿色屋顶，以及其他类型多样的街道景观和屋顶花园等，满足新城居民、各种工作人群和游客的多样需求。

图10-9 水城方案的线性滨水走廊效果（来源：打造水城，《风景园林》，2010年第5期）

2. 功能复合的绿色区域交通中心

通过线性滨水走廊的设计，将整个城市新区划分为一系列特色鲜明的都市亚区（sub-district）。每个功能亚区的主导功能都非常独特和明确，并且根据不同的功能类型和具体的场地环境，在每个亚区采用完全不同的空间布局类型和建筑体量。

每个亚区都有各自的区域中心，这些中心都被最大限度地整合利用，用以提供服务并激发周边区域活力，它们被设计为一个结构和功能复合的景观基础设施综合体，并作为区域中心的大型城市公共开放空间（图10-10）。它们的地下部分为整合城市铁路、地铁和机动车交通的城市交通枢纽；地上部分为面积从8～16hm²的大型城市绿色公共开放空间平台，在这些平台的上面修建亚区的综合公共服务建筑。商业区都密集分布在这些区域中心的周围，将良好的交通区位与商业经济活动相结合。总之，这些区域中心将基础设施、公共休闲娱乐空间和商业居住组团整合在一起，成为各个亚区独具特色的"21世纪新型都市场所"。[9]

图10-10 水城方案中功能复合的区域中心（来源：FO景观设计事务所）

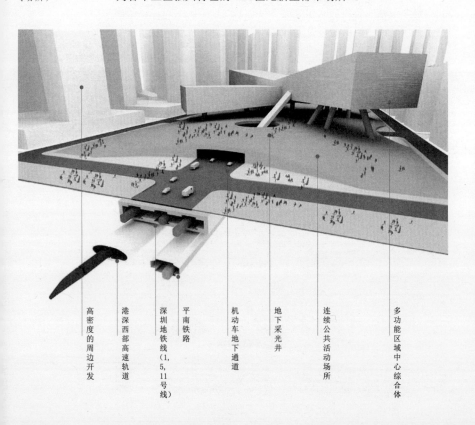

高密度的周边开发　　港深西部高速轨道　　深圳地铁线（1,5,11号线）　　平南铁路　　机动车地下通道　　地下采光井　　连续公共活动场所　　多功能区域中心综合体

3．多层次和功能的交通组织系统

整个前海新城沿三条主要的环海湾林荫道向外延伸，呈扇形放射状分布，然后在此基础上参考深圳典型的街区尺度，增加二级路网形成与之相类似的城市空间肌理。另外，新城的路网规划考虑了居民的步行通行需求，对区域进行了更为细致的划分，引入了第三级支路系统，提供更加舒适和便利交通环境，鼓励城市居民采用步行的交通方式。二级道路与三级支道交织组成密集的城市交通网络，形成类似于香港的富有生活活力的小型城市街区，并将街道转化为具有多种综合功能的场所，激发街道充满生活气息的活跃氛围，创造出一系列独具魅力的城市邻里单元。同时，可以有效减少城市对机动车的过度依赖，倡导更加环保健康的城市交通方式（图10-11）。

4．综合的雨水和废弃物管理措施

前海新城规划也构建了一个综合雨水管理景观基础设施网络。五条新城滨水走廊将收集、处理和利用整个新城约1800hm²区域内的雨水径流，可以有效去除雨水中的有机营养物质和减少沉积泥沙向海湾的排放，是一个高效的城市自然排水系统。同时，

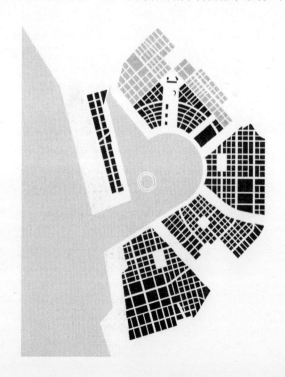

图 10-11 水城方案中的前海新城空间肌理（来源：打造水城，《风景园林》，2010年第 5 期）

新城将结合城市道路、停车场、公园、绿地和水环境，采用水生植物生态净化、物理过滤设施以及其他生态措施对城市雨水进行分散式的管理，并根据场地具体情况对城市雨水进行回收、储存、利用或者让雨水渗透来补充地下水源。

此外，新城的垃圾也将得到有效的管理，如有机垃圾将实行堆肥降解处理，可再生材料将被回收循环利用等。

10.3.2　旧金山金银岛再生规划

金银岛位于美国旧金山湾的中部，是一个有着73年历史的用海湾疏浚的沙石堆建而成的人工岛屿，一直作为美国的一个军事基地。1997年军事基地关闭以后，政府准备对整个岛屿进行重新的开发和利用，并成立了金银岛社区发展机构（Treasure Island Community Development, TICD）指导整个区域的发展。

2005年12月，SOM景观设计公司、CMG景观设计公司、Perkins+Will建筑事务所和ARUP工程顾问公司等共同完成了金银岛重新发展规划（Treasure Island Redevelopment Plan）。不同于其他许多生态城市的设计手法，该规则主要考虑建筑单体的可持续性，通过运用大量的先进技术和材料来实现城市的可持续性。金银岛重新发展规划方案对整个区域的基础设施进行了重新思考，将研究重心更多地放在了建立城市与周围环境的和谐关系和提升城市的环境效能、社会公共活力等方面，结合场地的自然、社会资源条件并运用生态技术手段规划了一套由自然系统、市政基础设施和居民紧密联系的景观基础设施网络，形成了整个区域的新的可持续的基础支撑系统[10]，成为现代生态城市设计的新的典范（图10-12）。

图 10-12 金银岛重新发展规划平面（来源：CMG 景观设计公司）

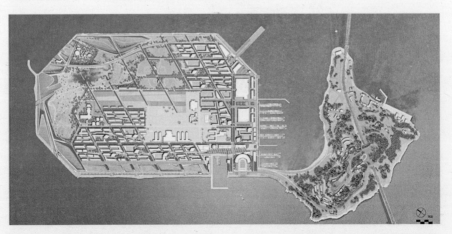

1. 构建适应自然条件的城市形态

金银岛的风、阳光、海浪等自然条件是决定整个城市形态和基础设施布局的最主要因素。

总体规划方案中的道路网络是引人注目的规划亮点。它不再是单纯地追求横平竖直的方格网，而是将城市自然气候条件作为布局的决定性要素。在规划中，具有一定倾斜角度的路网与主风向垂直，使建筑成为海风的屏障，从而避免城市街道成为海风肆虐的通道，给城市带来高盐分的浓雾。街道角度也与正午太阳光方向平行，这样可以更好地接受太阳光照，创造更加适宜居住的舒适的城市环境（图10-13）。

城市的防风基础设施也同样受到传统农业中农民用干草垛（windrows）、树带和灌木丛保护农田方法的启发。沿道路种植的树带与公园和开放空间相连形成密集的防风植物网络。建筑的布置也考虑了其对附近区域的防风功能，利用建筑将小型城市公共广场围合起来，中型的住宅塔楼安排在广场的主风方向，广场的南侧主要安排小型的建筑，这样可以在防风的同时保证广场能够最大限度地接受阳光（图10-14）。

历史/现存建筑　风堆列　太阳能路径

图 10-13 金银岛重新发展规划中与自然相适应的新城布局（来源: CMG景观设计公司）

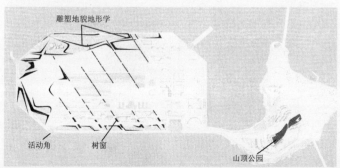

雕塑地貌地形学

活动角　树窗

山顶公园

图 10-14 金银岛重新发展规划中的防风景观基础设施系统（来源: CMG景观设计公司）

但并不是在城市中处处都对风进行遏制。在岛屿的北侧就设置了一系列的雕塑地形和活动角（active corners），形成感受海风的空间。这些地形的塑造也可以减弱海浪对岛屿的冲击，考虑了未来海平面上升对岛屿造成的影响。

为了验证方案的有效性，设计团队利用计算机建造了一个数字模拟模型，来分析阳光、风和海水对城市的影响，并建造了一个大比例的实体模型用于开展真实的环境模拟测试。

2. 高效的多功能城市公园系统

在满足功能和居民承载力要求的前提下，规划采用集约式的土地利用形式，通过增加建筑高度来减少土地占用，将剩余的约120hm²的土地作为城市公共空间。这些公园不仅仅为金银岛内的居民服务，而是通过提升其环境吸引力，将其作为整个城市区域的生态公园。

整个公园系统包括海岸公园、生态湿地公园、体育公园、城市农场、社区公园和薄荷草岛森林公园六部分，并与和街道相结合的带状绿地联系起来。它们不仅满足市民休闲、健身、游览的需求，也是岛内重要的动植物栖息地。这些公园也同时强调生产性功能的发挥，成为城市食物、能源、水利和防洪基础设施的重要组成部分（图10-15）。

利用现代生态技术设计的湿地公园是岛屿水资源利用基础设施的核心组成部分。自然雨水直接进入生态湿地进行净化；城市污水在经过污水处理厂的初步净化后，进入生态湿地进行二次净化。经过湿地净化的水资源一部分存留在湿地内，下渗补充地下

图10-15 金银岛重新发展规划中的公园系统（来源：CMG景观设计公园）

海岸公园

海岸公园

生态公园   体育公园

城市农场

社区公园

海岸公园

海岸公园   薄荷草岛

■ 水上娱乐和通道

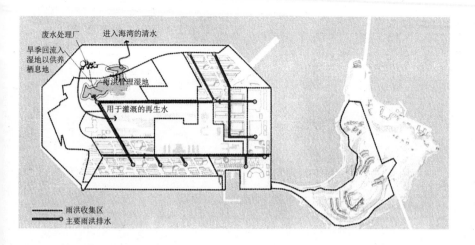

废水处理厂　进入海湾的清水

旱季回流入
湿地以供养
栖息地

雨洪管理湿地

用于灌溉的再生水

—　— —　雨洪收集区
———　主要雨洪排水

水，并形成淡水湿地栖息地环境；一部分用于农业生产和绿地植物养护；过量的部分可以直接排入旧金山湾（图10-16）。

　　在能源方面，海岸公园同时也是一个风能利用公园。在不对海岛的鸟类栖息地造成影响的前提下，公园通过设置小型的风力发电装置将海岛上大量的海风转化为电能，加上建筑屋顶和建筑阳面玻璃幕墙的光伏电板所产生的电能，即可以解决岛内的大部分用电需求。

　　城市农场是一个市民进行公共活动和劳作的公园，具有一定的生产性，可以发挥教育和增强社区交流的功能，为金银岛的部分居民（约3000人）就近提供了新鲜的蔬菜。城市的有机垃圾和污水处理的有机废物将作为绿色肥料进入农场，实现了城市的有机废物循环利用。农场灌溉的用水则主要来自湿地水源（图10-17）。

　　海岸公园和城市湿地公园也是应对全球气候变化、海平面上升、洪水危机的重要城市防灾基础设施。与堤坝相比，它们具有更大的弹性，能够发挥更强大的防灾功能。

　　3. 生活化的交通系统

　　在金银岛的道路系统规划中，除了安排主要的机动车道路以外，在社区之间也设计了步行和自行车优先的交通体系。机动车道路狭窄而且变化丰富，采用无路缘的铺装形式，将机动车的通行速度限制在每小时10～15km。街道不再是机动车的私有领地，而更多地用来满足新的公共活动的需要，并在沿线串联了大量的绿色开放空间（图10-18）。

图10-16 金银岛重新发展规划中的生态水管理景观基础设施（来源：CMG景观设计公司）

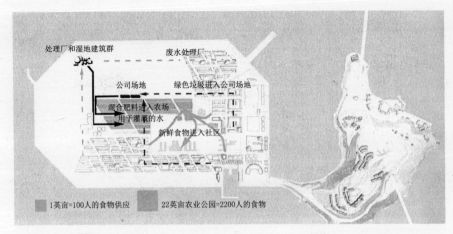

1英亩=100人的食物供应   22英亩农业公园=2200人的食物

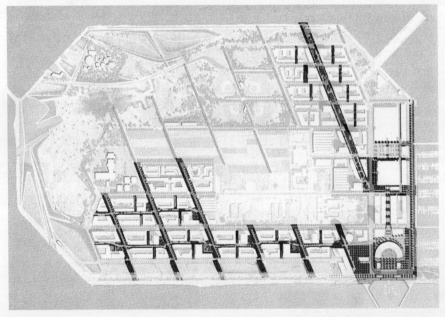

图 10-17 金银岛重新
发展规划中的农业生
产景观基础设施（来
源: CMG 景观设计公司）

图 10-18 金银岛重新
发展规划中的新城步
行空间网络（来源:
CMG 景观设计公司）

　　这些新型街道是自然和城市生活的载体，是一种具有交通功
能的公共空间。舒适、优美的街道环境和便捷的步行联系，使
更多的居民愿意以步行和自行车作为首选的交通方式。通过铺装
和植物种植将道路划分成具有多种功能的空间区块，可以进行休
闲、聚会、享受日光、儿童游戏等多种活动，让街道充满生机，
但又不会互相干扰[1]（图10-19）。

图 10-19 金银岛重新发展规划中的步行街道空间效果图（来源：CMG 景观设计公司）

10.3.3 潍坊水系生态网络规划

整个潍坊市域河网密集，生态资源非常丰富，绝大部分河流水系在潍坊本市范围内就实现了完整的发源入海过程，形成了得天独厚的自然水系条件。河网已经成为支撑整个潍坊市工、农业生产和生活发展的重要基础。但是，随着潍坊城市的迅速发展，原有的河网生态系统受到严重破坏，水系不断恶化。通过对现场的详细调研，规划团队发现潍坊市存在水系生态网络缺乏整体性；水源保护不足、水质污染；河流生态功能退化，栖息地丧失；城乡建设对河流侵占压力明显等一系列问题。

近年来，潍坊已经开展了现代水网、水功能区划、防洪工程等多个专项规划，并相继完成了一系列的工程建设项目。但这些规划各自独立，缺乏统筹考虑，相互之间甚至存在矛盾，各项工程的开展也缺乏整体协调，部分工程建设甚至对河流生态环境造成了严重破坏，迫切需要对潍坊的相关规划、工程进行梳理协调。

规划团队力图通过创新的规划思路，以生态为导向整合与水网相关的城镇、工农业用地、交通、水利、文化、休闲等要素，为实现潍坊的区域可持续发展，构建一个覆盖整个市域范围的城乡一体化的绿色生态网络。

生态网络的构建强调对水源地、栖息地等重要生态敏感用地进行保护，对生态破坏区和灰色基础设施进行生态修复，并最终依托水网将这些被分割的生态资源整合成一个连贯、高效的系统。因此，规划的主要目标是依托水网骨架整合相关规划和工程建设资源，挖掘周边生态用地潜力，形成一个连贯的区域绿色基础设施系统，将一个工程系统支撑的城市逐渐转化为一个依靠生态系统支撑的城市。在构建的过程中需要重点探索最优化、最高效的生态用地规模和结构。网络骨架的确定依据科学数据的分析、提取；生态功能的优化注重创新的生态设计的介入，从而在有限的空间内发挥多种综合的生态系统服务功能。

规划以水网为依托，针对城市生态环境建设，探索了一个具有研究性和战略性的方案，强调整合现有的相关规划和已建、待建工程项目，以提升生态服务功能为核心目标，依托水系网络骨架构建一个支撑城市可持续发展的生态空间系统，为未来相关规划编制和项目实施提供依据和基础，对城市发展具有非常重要的意义。

1. 生态网络保护红线

水网生态绿线是维持水系环境健康，并发挥生态服务功能的最低绿化控制线，强调对水系周边建设区域的控制，整合各类现状潜在绿色空间向生态绿化空间转化。绿线依托河流周边各类用地生态功能的最低限指标要求进行划定，并根据重要性和生态敏感度，划分为核心保护区和扩展保护区两部分（图10-20）。

核心保护区主要是实现河流生态健康的关键区域，需要构建一个连贯的生态绿化防护系统，要求绝对保护、恢复植被，严格禁止破坏和建设开发。核心保护区绿线主要包括不同等级河流的生态防护区、水库水源保护区、山体主要汇水冲沟区和河口滩涂湿地区等。

扩展保护区是对河流周边生态敏感斑块进行筛选拓展，进而构建范围更大的生态整合空间，要求进行弹性保护，允许开展适当规模的生态利用。拓展保护区绿线主要包括绿地、盐碱地、滨海滩涂、废弃地、山林、线性基础设施防护林地等不同类型用地。

2. 河网生态公园系统

在区域的尺度上，规划主要依托滨海滩涂湿地、河流湿地、森林、盐碱生态公园，水库风景区、风景名胜区、自然保护区等面状绿地，以及河流绿色廊道等线性空间，整合形成区域河网生态公园系统。整个区域河网生态公园主要包括南部山林生态公园、中部平原河网湿地公园和北部滨海河口湿地生态公园三大系统。

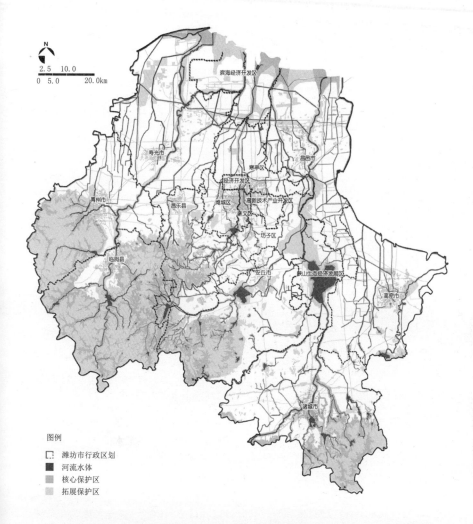

N

2.5　10.0

0　5.0　　　20.0km

滨海经济开发区

寿光市

寒亭区

昌邑市

青州市

经济开发区

潍城区

高新技术产业开发区

奎文区

昌乐县

坊子区

临朐县

安丘市

嵩山生态经济发展区

高密市

诸城市

图例

☐ 潍坊市行政区划

■ 河流水体

▨ 核心保护区

▨ 拓展保护区

城市河网郊野公园系统主要由城市公园、郊野森林公园、郊野休闲公园、郊野湿地公园和绿色廊道构成。规划后的郊野公园呈环状围绕城市，可以发挥城市生态防护、限制无序发展和城市郊野休闲等多种功能（图10-21）。

图 10-20　潍坊水网生态保护红线

3．河网绿道慢行系统

在潍坊水网生态布局结构的基础之上，规划主要以弥河、白浪河和潍河生态林带为轴线建设南北向骨干绿道线路，以北部滨海观光带、滨海盐碱地生态林带、中央城市生态林带及南部山林观光带为轴线串联东西向骨干绿道线路，最终形成三纵五横的整

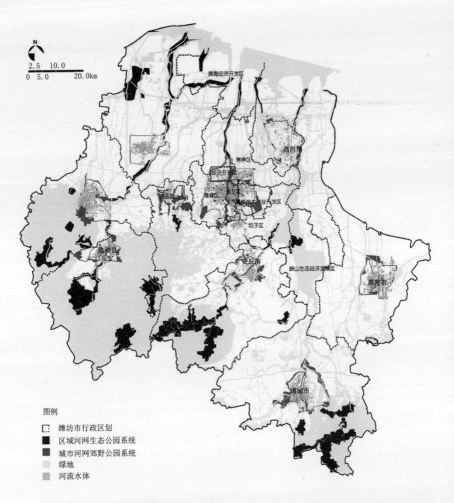

图例

- □ 潍坊市行政区划
- ■ 区域河网生态公园系统
- ■ 城市河网郊野公园系统
- 绿地
- 河流水体

图10-21 潍坊河网生态公园系统

体区域绿道骨架。同时，以各市县为中心，整合各类现有及规划绿道资源，充分挖掘不同区域的特色，在各市县周边形成完整的区县级绿道环，与市域级绿道系统共同构成整个潍坊市的河网绿道系统网络（图10-22）。

4. 栖息地保护系统

河流生物廊道是自然系统中生物栖息和迁徙的重要通道。规划主要沿潍河、弥河、白浪河，构建三条主要的区域南北向栖息地廊道，建立了南部山区与北部海洋栖息地的空间联系。规划同时沿铁路、公路和城郊防护林带建立东西向区域生物廊道，强化

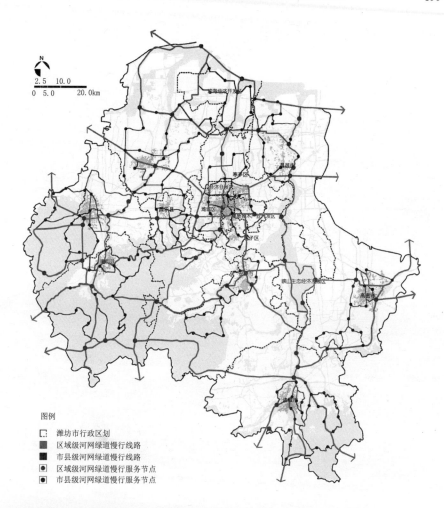

图 10-22　潍坊河网绿道系统

图例

▫┆ 潍坊市行政区划
■ 区域级河网绿道慢行线路
■ 市县级河网绿道慢行线路
◉ 区域级河网绿道慢行服务节点
◉ 市县级河网绿道慢行服务节点

南北向河流栖息地廊道的东西向联系，共同构成整个区域栖息地保护廊道的骨干网络。

南部山林地带主要由低山丘陵组成，北部滨海区主要由浅海水域、潮间带和潮上带组成，二者均是潍坊生物多样性最丰富的地区，构成了潍坊地区自然物种的重要基因库平台。这两块具有关键意义的大型栖息地斑块首先需要被重点保护。在此基础上，城郊小型的湿地和森林栖息地斑块（包括已建、待建和新规划的重要滨河湿地节点）也需要进行重点保护和恢复，以作为整个生物栖息地系统中最具关键意义的生态"跳板"（图10-23）。

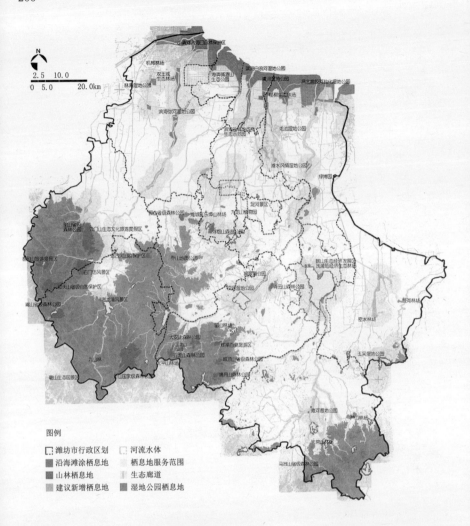

图例

☐ 潍坊市行政区划　　☐ 河流水体
■ 沿海滩涂栖息地　　☐ 栖息地服务范围
■ 山林栖息地　　　　■ 生态廊道
☐ 建议新增栖息地　　■ 湿地公园栖息地

图 10-23 潍坊河网栖息地系统

5. 水源水质改善系统

在河流的上游主要结合关键的汇水保护区和城镇居民用水水源地建设水源保护林。临朐、青州、安丘、昌乐和诸城的低山丘陵区是主要的天然汇水区域，该区域主要规划为河源汇水保护区。在汇水保护区建立生态涵养林，以减少水土流失，增加下游水量。

在河流中游重点恢复河道的自然净化能力，完善工业污水、生活污水处理厂的建设，在工程净水的基础上设置沿河林地绿带，利用植物的拦污净水功能辅助净化水体。在主要的河流交汇区域设置大型湿地公园；在污水处理厂的中水排放区设置生态净水湿地，发挥自然的净化功能；在村镇和城市等潜在污染源的下游，在有效截污的基础上，建设水质改善湿地，选择种植氮、磷消耗量大的湿地植物，改善建成区对河道水质的影响；加强主要污染河流的河岸滩涂湿地植物带建设，全面改善河流水质。

　　在河道末端入海前，主要进行河水的蓄积利用。北部滨海区有大量的盐碱地需要利用淡水来降低盐碱含量，改善土壤条件；而在雨季时，大量的淡水资源又直排入海，未被充分利用。所以规划主要在河流末端建设弹性的蓄水湖区，并设计横向调蓄水渠，让其发挥消纳流域洪水，蓄积淡水资源的功能。同时，在河流入海口恢复河口季节性滩涂湿地，利用湿地蓄积雨水，并重点恢复小清河、弥河、白浪河、虞河和潍河的入海河口湿地（图10-24）。

图 10-24 潍坊河网水源水质改善系统

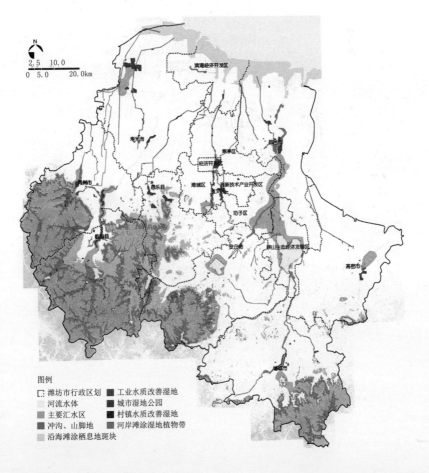

图例
□ 潍坊市行政区划　■ 工业水质改善湿地
　河流水体　　　　■ 城市湿地公园
■ 主要汇水区　　　■ 村镇水质改善湿地
■ 冲沟、山脚地　　■ 河岸滩涂湿地植物带
■ 沿海滩涂栖息地斑块

6. 河网历史文化资源系统

河网历史文化资源的保护和利用主要分为历史文化资源点保护、生态保护和开发利用三个方面。除了在规划中强调对沿河分布的大量历史文化资源进行本体保护以外，规划更加强调不断优化河网历史文化资源所处的自然环境，对保护范围严格控制，加强周边自然山体、林地、湿地、农田、经济林等的保护，维护好历史文化资源周边的生态系统（图10-25）。

图 10-25 潍坊河网文化保护系统

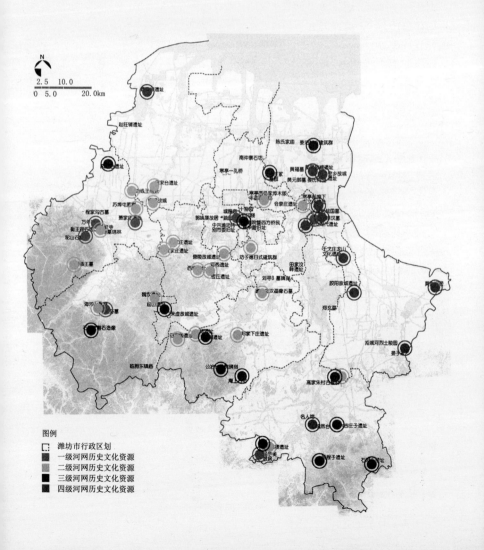

10.3.4　兰州山水城市规划

兰州山水城市规划方案运用景观基础设施的思想，对现有城市基础设施资源进行重新发展定位，挖掘基础设施在城市生态、文化、社会和经济等方面的综合价值，并以此作为构建具有兰州特色的生态城市的基本结构框架。

兰州是甘肃省的省会，位于中国陆域版图的几何中心，是黄河穿城而过的唯一省会城市。兰州拥有得天独厚的自然山水条件，市区依山傍水，南北两侧群山对峙，东西向黄河从城市中央穿过，绵延数百里。长期以来，由于受到自然气候、城市扩张、工业发展和人为破坏等因素的影响，兰州逐渐产生了南北两山和黄河被城市隔离、山体水土流失和城市空气污染严重、城市现有绿地缺乏系统规划和发展空间不足等一系列的问题，迫切需要得到改善。

兰州山水城市规划不是一个不切实际的城市改革计划，而是立足现状挖掘城市各组成元素的潜力，通过对现有城市资源进行整合和再生，重新构建与自然相融合的城市生态环境和功能系统。景观已经不再是单纯的城市绿色空间，而是承载生态、经济、社会、文化等综合功能的城市景观基础设施。

整个规划将重建兰州生态系统作为首要任务，从黄河滩涂湿地的保护和利用、南北两山生态防护系统、排洪沟治理和再生、屋顶绿化、城市绿色道路系统、城市慢行交通系统等方面入手，为兰州勾画出了未来的高原山水园林城市构建的结构和框架。

1. 黄河滩涂湿地的保护和利用

黄河从兰州城市的中央穿过，两侧分布有大面积的滩涂湿地，这些滩涂湿地是兰州重要的自然资源，不仅拥有非常优美的自然景观，而且在水质改善、涵养水源、防洪调蓄、保持水土等方面都具有非常重要的作用，同时也形成了多样的城市生境类型，是城市中重要的动植物栖息地环境。但是，在兰州城市化不断扩张的过程中，这些滩涂湿地沦为城市中最容易被侵占的土地，通过修筑围堰和堤坝，滩涂地被填埋升高成为新的城市建设用地，黄河滩涂地由此逐渐遭受严重破坏（图10-26），河流的多样生境逐渐被混凝土工程所取代，多种自然生态功能正在逐渐减弱，同时对滩涂地的侵占也影响了整个黄河的行洪，产生了较大的洪灾安全隐患。

图10-26 不断遭受破坏的黄河滩涂湿地

在兰州的城市建设中，必须对黄河的价值进行重新认识，使其重新成为城市重要的多功能资源，形成城市重要的景观基础设施。针对黄河滩涂湿地，要妥善地处理黄河与城市之间的保护和利用关系，在总体上，要保护和恢复滩涂湿地的完整性，加强滩涂湿地之间的联系，使其成为一个完整的系统，保证其各项城市生态支撑功能的高效发挥，也使其成为一张亮丽的城市形象名片；在局部，根据滩涂湿地的现状情况，将其分为自然湿地、人工干扰湿地和近裸露湿地三种主要类型，并对应提出不同的保护和利用策略，通过对现状的保护和人工干预引导，逐步恢复滩涂湿地的面貌和功能。同时，在不影响湿地整体生态功能的前提下，对部分滩涂地进行适度利用，结合市民的休闲健身、观光游览、科普教育等活动，提升公众对湿地的生态保护意识，逐步实现黄河滩涂湿地的可持续发展（图10-27）。

图10-27 黄河滩涂湿地的保护与利用规划

图例
近自然湿地
被育苗基地、茶园、农田等占用的湿地
建成及拟建湿地公园的湿地
近裸露湿地

2. 南北两山生态防护系统

兰州位于南北两山相夹所形成的平原谷地，两侧的山体曾经是兰州天然的生态防护屏障，带来了良好的气候环境条件。但是，由于长期破坏，两山的自然植被被严重的损毁，再加上黄土本身的松软特点，使得山体面临严重的水土流失问题。每逢下雨，大量的泥沙就顺流而下直接进入城区，在干燥后又变成空气粉尘，给城市造成严重的污染。近年来，兰州一直在加强两山治理，在山上栽植树木，但是由于山体土壤保水性能较差，非降雨时土壤干燥，下雨过后水又迅速流走，使得植物成活比较困难，养护成本很高。这些因素综合起来，导致南北两山的水土流失治理一直是兰州所面临的棘手问题（图10-28）。

针对南北两山生态修复，方案提出运用兰州植物群落的自然演替规律，并采用适应当地条件的辅助工程措施进行共同恢复。不再是单纯地种植乔木树林来保持水土，而是应当根据区域的实际情况，首先种植本地的耐干旱草本植物固定土壤，进行需水量较少，但固土和涵养水源能力较强的普遍绿化，在山体生态环境有所改善的条件下，然后逐步引入耐干旱的灌木和乔木，形成逐渐稳定的自然植物群落。这种方式利用了兰州的植物在对环境的长期适应过程中形成的固有的群落，并运用整地工程措施、薄膜覆盖措施、雨水汇集措施以及局部引水措施等干旱区域植被恢复的辅助工程措施，加快植物群落的演替过程。将自然演替与工程措施相结合，可以节约大量的人力、物力和财力，同时提高绿化

图10-28 兰州现状山体

荒漠草丛阶段

此阶段以草本植物为主，它们大多是短小和耐旱的种类。现有丘陵山坡草丛如处于不为人类干扰破坏的情况下，随着土壤增厚，蒸发减少进而调节温度和湿度，灌木树种便可以侵入，并逐渐形成灌草丛或灌丛。此阶段植被的总体需水量较低，易养护，并能有效地降低水土流失，实现山体普遍基础绿化的目的。

荒漠灌木阶段

这一阶段，首先出现的是一些喜光的阳性灌木，它们常与高草混生形成高草灌木群落，以后灌木大量增加，成为优势的灌木群落。在上一阶段耐干旱草本植物恢复之后，土壤生境、保水量有所改善，耐干旱灌木逐渐出现，山体生态环境进一步得到改善。

抗旱乔木阶段

灌木群落进一步封育，阳性的乔木树种随之开始在群落中出现，随着阔叶树的侵入，群落生境将随之改变，一些耐阴的针叶树侵入，并使群落向着针阔叶混交的方向发展。在山沟谷地、山脚区域、阴坡等区域逐渐出现乔木，伴随着植被演替的不断发展，山体植被逐渐趋于动态的稳定。

图 10-29 结合植物自然演替规律进行山体植被恢复的分析图

成活率、功能有效性和群落的稳定性，是一种适应兰州本地情况的高效率的植被恢复手段（图10-29）。

　　同时，在两山生态防护系统的建设中，还根据山体不同的区域有针对性地采用不同的措施，尤其是在雨水汇集流量较大的山沟和地势较平缓的山脚区域。在这些区域可以恢复季节性坑塘湿地，有效地滞留雨水和山体冲刷产生的泥沙，净化并储存汇流的雨水，并结合这些坑塘湿地进行植被恢复（图10-30）。

图 10-30 恢复山脚季节性坑塘湿地系统的分析图

兰州山体现状

沙石随着雨水被冲刷下山，由于无法沉积，风把尘土直接带进城市。宝贵的雨水在山脚的停留时间短，不利于形成良好的小气候。

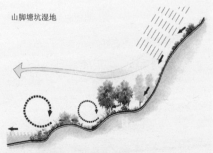

山脚塘坑湿地

雨水流经陡峭山体，汇入山脚坑塘湿地，泥沙也随之沉淀，减少了城市的粉尘来源。水、泥沙在山脚下的停留和循环，为植被恢复提供了很好的生境。

3. 城市排洪沟综合治理和再生

兰州拥有大量南北向的联系两山和黄河的城市硬化排洪渠，构成了兰州城市独特的"鱼脊型"水渠结构（图10-31）。这些泄洪渠大多数由混凝土修筑而成，几乎没有任何自然植被。它们也被用作城市直接向黄河排放污水的排污沟，其周围堆满了生活垃圾，泄洪渠沿岸成为城市中最落后的区域，环境污染严重（图10-32）。

城市泄洪渠基础设施可以作为兰州构建城市生态和休闲廊道的重要空间资源。结合生态、经济和社会文化等方面进行综合考虑，通过一定的改造措施，可以有效地发挥泄洪渠基础设施防止水土流失、减少水害、涵养水源、提高水质、美化环境，并作为动植物栖息地等的生态功能；同时，通过泄洪渠可以重新组织城市内部的绿地空间，弥补城市空间的不足，形成连贯的城市绿地网络，并以此提高沿岸城市环境，激发城市活力，为城市的更新和发展提供新的机遇。

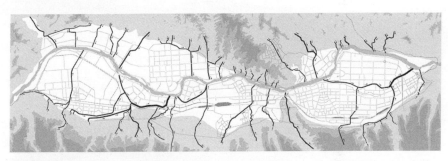

图10-31 兰州"鱼脊形"泄洪渠结构

图10-32 兰州泄洪渠现状

对泄洪渠进行治理和使其再生，首先要对排入泄洪渠的城市生产和生活污水进行截留，并进行集中的污水处理；其次，要将兰州季节性水位变化考虑进来，在满足泄洪断面要求的前提下，对泄洪渠进行近自然化的生态改造。在非降雨时期，泄洪渠水位较低，河道内主要以水生植物和耐水湿草本、灌木为主，它们可以净化提升水质，形成优美自然的河道景观，两侧多样的滨水平台、栈道可以作为市民亲水休闲的场所；在一般的降雨情况下，泄洪渠内的水位升高，但并不会淹没河道两侧的滨水设施，河道植被可以降低水流对河岸的冲刷侵蚀，同时可以固土滞沙、涵养水源；当遭遇暴雨袭击时，泄洪渠水位迅速上升，完全成为城市排洪的通道，从而有效地发挥城市的防洪功能。对泄洪渠的断面改造可以重塑城市、自然和人之间的和谐关系，使泄洪渠基础设施成为城市居民可进入和使用的新的城市公共空间，使其重新回归城市的生活（图10-33）。

此外，在泄洪渠沿线的适当区域，可以设置小型滞水湿地，滞留和净化雨水，延长雨水汇入黄河的时间，并作为小型的市民公园和绿地。同时，选择部分主要渠道，将泄洪渠的改造和周边区域发展进行整体考虑，使河岸和周边区域得以再生发展，成为城市新的魅力核心（图10-34）。

4. 城市屋顶绿化

兰州城市的发展空间非常有限，现有和可以建设的绿地面积不足，也面临着比较严重的污染问题，尤其是空气粉尘污染比较严重，而且城市处于干旱区域，年降水量也较少。根据兰州的现状情况，方案有针对性地提出了适应兰州本地条件的屋顶绿化技术。它可以针对城市空间不足、绿化空间稀缺的现状，在城市建成区显著地提高城市的绿化面积，有效地吸附空气中的粉尘和污染物，改善城市的空气质量，降低城市热岛效应，形成优美的城市景观，在兰州的城市生态建设中能够发挥巨大的作用。

在屋顶绿化中，应当选用适应兰州本地气候的耐干旱和耐贫瘠的植物，收集利用雨水和城市中水进行绿化灌溉，发展适宜兰州的粗放型的屋顶绿化技术。屋顶绿化技术还具有良好的保温隔热效果，符合绿色建筑的发展要求。

目前，屋顶绿化的技术已经较为成熟，已经在很多城市进行了成功的实践。基础的屋顶绿化只需要对建筑屋顶稍加改造就可以实现，在一些有条件的建筑屋顶，还可以建设屋顶花园和进行屋顶城市农业的生产。

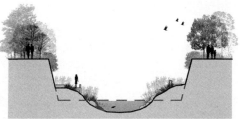

枯水位

改造后：增加亲水道和水生植物，丰富了景观、空间层次，有助于恢复自然生态。

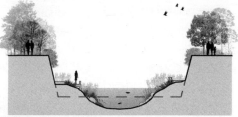

常水位

改造后：积极的亲水游憩空间大大增加，泄洪渠利用率提高，形成良性生态循环。

丰水位

改造后：亲水道被淹没，泄洪渠能够完全满足泄洪要求，而上层游憩空间可继续使用。

图 10-33 考虑季节性水位变化的泄洪渠断面形式

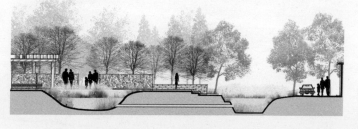

图 10-34 结合公共空间设置小型滞水湿地（剖面图）

5. 城市绿色道路系统

城市道路、铁路等交通基础设施都是城市中可以利用的重要资源。从总体上来讲，兰州城市面临空间不足，空气质量比较差，降雨较少，植物养护成本比较高，大部分城市道路绿化严重不足等问题。

在现有及规划道路系统的基础上，通过营造绿色生态的城市街道景观，结合排洪渠建设绿色滨水道路，规划生态停车场，建设铁路沿线生态防护绿廊和城市轨道交通等措施，构建一个低维护、多层次和多功能的城市生态道路景观基础设施网络，在为市民创造舒适、优美的交通环境的同时，更好地发挥交通基础设施在区域发展中的综合促进功能（图10-35）。

在道路绿化中选择乡土的耐干旱和可以粗放管理的植物，并且这些植物应当美观和具有比较显著的遮阴、降尘等生态效益。同时，采用街道雨水利用技术对现有绿化隔离带进行适当的改造或新建植物种植带，使它们可以收集道路雨水，在降低城市排水压力的同时，还可以用来灌溉街道绿化植物从而降低养护成本，补充地下水源，改善城市水循环和气候条件，形成优美的城市街道景观。

将结合泄洪渠形成的城市南北向的连接通道，改造为环境优美、生态效益显著的城市滨水道路，并在有空间余地的区域建设城市开放空间，形成可以满足城市居民需要的活动场所。

另外，可以结合泄洪渠和山路建设绿色道路；并在兰州市重要的景区、景点和城市广场附近推广生态停车场，采用设置停车场雨水滞留区、运用透水铺装材料等生态环保措施。

兰州铁路沿东西方向穿过城市建成区域，可以在城市铁路两侧有空间的地方种植低维护、高生态效益的植物林带，有效地改善铁路两侧的生态环境，减少粉尘和噪声污染，同时形成一条贯

图10-35 兰州山水城市规划中的城市生态道路景观基础设施网络规划

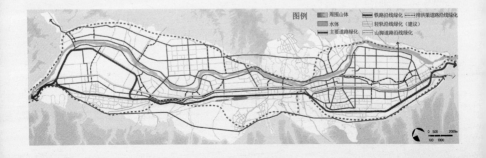

穿城市的有利于动物迁徙的城市廊道。

建议在未来能够结合兰州城市轨道交通建设和其他道路工程建设，将城市交通枢纽建设为功能复合的区域发展中心，并兼具绿色开放空间、商业中心、居住中心和公共服务中心等多重功能，形成高效复合的土地利用形式。交通枢纽将成为区域发展的启动因子，可以提升周边用地价值，推动兰州城市的整体发展。

6. 城市慢行交通系统

通过以上策略可以构建一个依托城市现有资源的山水城市景观基础设施网络。城市慢性系统依托这个城市网络，追求与周边环境的完美融合，将兰州城市最美的山水、历史景观、商业建筑、公共场所、城市社区和村落等自然、生态、文化和休闲资源联系起来，成为改善城市综合环境、重塑城市空间结构、支撑未来城市发展的具有巨大潜力和多种功能的城市景观骨架（图10-36）。

城市慢性系统是一个多种城市交通方式的载体，通过环保旅游巴士、电瓶车、租赁自行车、游船和步行等方式，使城市居民和游客可以从忙碌的城市生活中放松下来，细细品味兰州这个充满魅力和富有多元文化特征的城市。

城市慢性系统本身也将成为一种全新的都市文化生活的载体。它不仅可以整合兰州的历史文化资源，也可以形成一个兰州历史文化的脉络。

图 10-36 兰州山水城市规划中的城市慢行道路系统规划

第 11 章

景观基础设施的实施保障

城市基础设施是受到多种综合因素影响的复杂系统，具有一系列的复杂性特征。基础设施贯穿于城市内部，自身功能类型复杂多样，与城市各组成部分也都存在着密切的联系，涉及多学科的研究领域；基础设施要想发挥城市的基础服务功能，需要满足一定的标准要求和较高的技术要求，景观基础设施需要创造性地运用多种综合的、现代的技术手段；基础设施建设需要大规模的投资，政府在这一过程中往往发挥主导作用；基础设施也是一项公共服务设施，关系到每一位城市居民的切身利益，公众可以在景观基础设施的实施中发挥强大的促进作用。这些特征都决定了景观基础设施的实现具有一定的复杂性，需要综合考虑多学科合作、技术条件、政府引导、公众支持等多个方面，从而推动景观基础设施的顺利实施。

景观基础设施作为一个新兴的理论，正处于不断探索和研究的发展阶段。与传统基础设施相比，景观基础设施显然会带来更加长期和多样的综合效益，而且很多效益并不能完全用经济衡量，目前并没有形成一整套完善的与之相适应的效益评价标准；景观基础设施还没有在城市中得到广泛普及；此外，与传统的基础设施模式相比，景观基础设施的设计和建造的灵活性都需要提高，这些都将成为景观基础设施实施所面临的巨大阻力。因此，在景观基础设施的实施过程中，需要将各种复杂性因素转化为有利于景观基础设施发展的驱动力量。

11.1 建立多学科合作的模式

目前，基础设施工程的设计和建设通常涉及不同的部门，需要不同领域的设计师分别完成。例如在城市河道的建设中，城市规划师完成城市河道用地和周边区域发展的规划；水利工程师进行河道防洪工程的设计；风景园林师设计滨水景观；环境工程师进行河流污染防治规划等。在基础设施的设计实施过程中，各个学科领域之间的工作缺乏整体的协调，衔接存在一定的问题，很多时候甚至会产生冲突，从而使各领域规划都很难发挥最大的价值，不仅产生了人力、物力上的浪费，更主要的是难以实现基础设施最大化的功能价值。因此，有必要在项目之初，就构建一个多学科的设计团队，将基础设施建设、城市区域发展、公共空间建设和生态环境保护等方面作为一个不可分割的系统进行整体考虑。

　　景观基础设施主张实现生态、经济和社会等多层次效益的融合，注重协调跨领域的多种综合问题，这决定了在其实施的过程中要消除各个学科领域之间的矛盾状态，采用多学科合作的模式。景观只有通过与规划、建筑、工程、生态、经济等多种学科建立密切的合作关系，才能使景观基础设施得以顺利实施。

　　多学科合作模式是摆脱传统基础设施固定思维和僵化模式的一种有效方法。通过具有不同专业背景的设计人员之间的相互交流和启发，可以使最终的景观基础设施成为一个更加具有创造性和多元功能价值的综合体。

　　在多学科合作的过程中，各学科之间应该形成一种不可替代的互补合作关系。在对各学科进行综合协调的基础上，设计团队要结合各专业领域的特点，充分发挥各自的优势，从而推动整个研究的不断发展。

　　景观基础设施实施的多学科合作模式包含了多种形式，可以制定综合指导策略，对多学科合作进行整体协调；也可以在整个设计过程中组成由多学科专家参与的设计团队，推动一体化的合作设计途径。

11.1.1　制定多学科合作的综合指导策略

　　在景观基础设施工程的设计和建设开始之前，可以首先制定多学科合作的综合指导策略。整个指导策略由包括工程师、风景园林师、规划师、建筑师等在内的多学科设计团队共同整合完成，从一开始就从多学科角度确定项目的总体设计概念和思想，以及需要优先处理的问题与注意事项等关键性原则，进而从整体的角度，针对具体项目加强学科间的交流和了解，对各专业的后续规划进行统一协调和分配，并进行整体控制。

　　多学科合作综合策略的制定，使景观基础设施思想可以作为早期的指导理念介入基础设施的设计与建设，并为其成功实施创造更大的可能性。美国华盛顿州西雅图北部的滨海区是一个被城市高速路、电车轨道、废弃码头等城市基础设施占据的城市滨水空间，该空间复杂而混乱，面临空间分割、环境污染、区域活力丧失等一系列问题。在2006年，政府决定对整个区域进行再生发展规划，对区域内的基础设施进行综合协调，降低周围环境对其的影响，提升区域的环境质量，并试图恢复区域的多功能活力。在项目开始之前，政府首先组织了包括风景园林师、建筑师、城市规划师、工程师和生态学家等在内的多学科合作团队，并将团队分成若干设计小组，提出多种基于不同专业背景和理念的场地改造方案。最终，这些不同的设计理念被综合为一个融合多学科专业背景，能够实现多领域综合目标，可以指导具体设计的策略大纲。尽管总体策略的制定已经过去很久，但直到今天，这些多学科共同制定的规划设计准则仍然是该区域每一个设计方案都必须遵循的基本依据。[1]

11.1.2　采用一体化的多学科合作设计途径

景观基础设施的实施单靠风景园林师一方面的力量是很难实现的，在具体的操作过程中应当采用一体化的多学科合作设计途径。该设计途径是指在景观基础设施的设计和实施过程中，针对基础设施的现状以及预期设计目标，对可能涉及的专业领域进行考虑，并以此为依据建立一个由多学科领域设计人员共同组成的团队。

与各学科单独设计相比，这种协同作用将产生"1+1＞2"的整合优势，在有效地降低设计阶段产生的时间、资源和资金浪费的同时，形成一个不仅在形式上更在功能上紧密结合的系统，并最终确保景观基础设施项目的多个综合目标的实现。

在明尼苏达州的牧场水道项目中，Balmori景观和城市设计事务所设计了一个由水道、沼泽和蓄水池组成的生态排水系统替代了传统的地下管道排水基础设施。项目设计师巴尔摩里（Balmori）教授指出，多学科的合作是该项目得以实现的关键："风景园林师、工程师和生态学家发挥了决定性的作用；建筑师和艺术家也扮演了重要的角色；同时还与环境保护局和工程兵团在湿地建设、植被恢复、公共空间投资等方面进行合作。"[2]这种多学科一体化的设计模式使项目成功实现了可能发生冲突的多个目标，也凸显了风景园林师在处理大尺度、复杂基础设施问题时所能发挥的重要作用，为景观基础设施的进一步发展奠定了基础。

11.2　依托现代景观技术的支持

现代技术是景观基础设施得以实施的基础和保证。景观与技术一直以来就存在着不可分割的关系，准确地说，是技术决定了景观的改造手段和能力。[3]现代科学技术的飞速发展加强了景观介入城市，处理复杂城市问题的能力，并拓展了景观的实践领域。景观基础设施也只有通过富有创造力的设计手段，广泛应用相关现代技术、材料和设备才能够得以实现。

这里所提到的依托先进的技术、材料和设备与前文所提到的"征服自然的技术"有着本质的不同。后者是对技术极端化地利用，认为技术可以成为人类完全控制自然的工具，是一种与自然相对立的技术。而景观基础设施的所倡导的技术是以现代生态学理论为基础，主张探索一种生态友好型的技术途径。该技术可以用来推动基础设施的自然进程，可以赋予基础设施更大的生态弹性，也可以为复杂空间结构的实现提供技术保证，还可以使基础设施具有更加显著的经济和社会效益。该技术可以用来构建一种"设计的城市生态学"，追求在城市人工环境中建立与自然更加紧密的联系，可以实现现代工程与自然更加紧密的糅合。

WEISS建筑事务所利用一个"之"字形的绿色连接平台将被道路和铁路分割的西雅图城市与海滨区域重新联系了起来，被美国《时代》杂志评为2007年世界十大建筑奇迹之一。整个平台的下层空间可以保证城市的交通联系不受影响，而上层空间作为奥林匹克雕塑公园开展公共活动。由于需要从一条繁忙的公路和铁路之上跨过，为了满足特殊结构的要求，整个项目针对现状场地条件，开发了一种机械固定层系统（MSE）。整个系统由装有沙砾和石块的钢框堆叠而成，然后用网状塑料交互层和夯实土锚加固而成，完美地协调了地基与斜面挡土墙的关系，在地震时甚至比混凝土挡土墙还要安全，并且造价非常经济（图11-1）。[4]

现代技术也为景观基础设施的实施提供了强大的支持，尤其是计算机技术的发展更是作出了有力的贡献，可以使用计算机对复杂数据进行分析和处理，并通过计算机模型技术对复杂场地和设计成果进行模拟和推敲。FOA景观设计事务所设计的日本横滨国际港口就是依靠了强大的计算机模型分析能力和现代材料的精确加工能力，从而成功地创造了一个城市开放空间与交通枢纽功能相互穿插的复合功能体（图11-2）。

11.3 构建景观基础设施的综合评价体系

构建景观基础设施的评价体系可以将景观基础设施的综合性能以更加直观的方式展现出来。与单一功能的传统基础设施相比，景观基础设施具有更加明显的综合性能优势，但是，在单纯地以经济效益作为评价标准时，这些优势往往表现得不明显，有时由于投资成本提升等原因甚至处于劣势。综合评价体系的建立

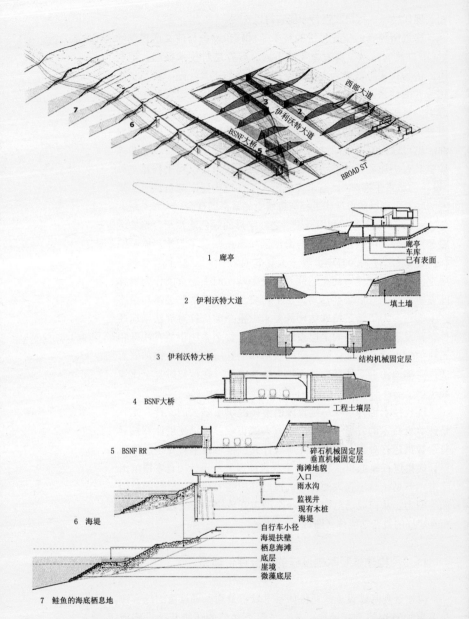

1 廊亭

2 伊利沃特大道

3 伊利沃特大桥

4 BSNF大桥

5 BSNF RR

6 海堤

7 鲑鱼的海底栖息地

图 11-1 机械固定层系统（来源：里埃特·玛格丽丝，亚历山大·罗宾逊《生命的系统——景观设计材料与技术创新》）

图 11-2　横滨国际港口（来源：FOA 景观设计事务所）

可以直接展示和全面评价景观基础设施的性能，清晰地表明景观基础设施的建设将获得更加综合的效益，摆脱单纯从经济角度进行衡量的标准，从而使景观基础设施在实施的过程中具有更强大说服力。

综合评价体系的建立也为景观基础设施的推广设定了一系列可以量化的具体实践要求和标准，有利于推动景观基础设施在更大范围区域内的实施，并能够起到借鉴和参考的作用。

由于景观基础设施思想正处于发展的初期阶段，目前还没有产生完全针对景观基础设施的综合评价体系，本节主要对美国绿色建筑协会制定的能源与环境设计指南，以及伯德·约翰逊夫人野花中心（LBJWC）、美国风景园林师协会和美国植物园共同制定的可持续性场地倡议进行研究。这两个评价体系是目前在建筑和景观领域具有权威性的绿色生态评价标准，对城市基础设施项目已经有所涉及，可以作为对景观基础设施进行评价的参考，有助于推动景观基础设施评价体系的进一步发展。

能源与环境设计指南（Leadership in Energy and Environment Design，LEED）是美国绿色建筑协会（USGBC）在2000年发布的绿色建筑评价标准，被认为是目前最完善、最具影响力的评估标准。LEED评分标准主要包括六大系统：可持续建筑场地、水资源利用效率、能源和空气、材料和资源、室内环境质量、创新和设计进步，分为合格等级、银奖等级、金奖等级和白金等级四个级别。❶尽管LEED主要适用于建筑评估，但由于LEED将可持续性能的

❶ http://www.usgbc.org/DisplayPage.aspx?CMSPageID=1988 [2010-10]。

综合评估作为其重要的组成部分，并建立了一套完善的可量化的可持续评价体系和标准，可以由建筑向城市基础设施领域延伸，并且在其所提供的研究示范案例中也可以看到有关城市基础设施的实践案例，所以LEED对景观基础设施的评估具有比较大的借鉴和指导意义。

可持续性场地倡议（Sustainable Sites Initiative，SITES）是在2005年由伯德·约翰逊夫人野花中心、美国风景园林师协会和美国植物园共同合作制定完成的，旨在通过生态景观评级系统改变对场地环境设计的传统开发和治理方式。SITES评价标准包括九个方面：场地选择、设计前评估和计划、场地水要素设计、场地土壤和植被要素设计、场地设计的材料选择、场地设计中的人类健康和幸福因素、建造、运营和维护、监督和创新，按照一到四星级标准进行评判。❶SITES充分考虑了降低碳含量、净化空气和水源、提高能源效率、改善居住条件以及最大限度地实现经济、社会和环境效应等综合因素的评价，可以作为评价景观基础设施的主要标准之一。

❶ http://www.sustain-ablesites.org/ [2010-10]。

11.4　运用政策和法律法规进行引导

运用政策和法律、法规进行引导是推动景观基础设施实施的稳定基础，是一种重要的政府导向力量。

作为一种城市基本公共服务设施，由于其在城市中的重要地位、巨大的建设规模和投资量，使得基础设施目前通常是在政府的主导下，采用公私合营的方式进行开发建设的。从本质上讲，景观基础设施与投资开发商是存在潜在矛盾的。开发商通常更加注重的是投资所产生的直接经济回报，而景观基础设施除了带来经济利润外，也将带来更多的难以直接用经济价值衡量的重要的生态、社会等综合公共效益。由于其经济效益转化不够直接和迅速，如果采用短视的决策方式，景观基础设施的其他多种综合功能和效益通常会被忽视，进而增加其实施的难度。

但是，如果从长远和更加全面的角度考虑，政府应当更加关注城市可持续发展的综合效益。并且，由于政府具有激励、影响和引导社会私营部门运作的能力，所以可以运用政策和法律、法规手段的强大控制力进行引导，在市场力量和投资动机的双重作用下，促进基础设施的有机更新，推进景观基础设施的实施。

通过向实施者提供优惠性的政策，鼓励他们进行景观基础设施建设，如进行屋顶绿化的建筑可以获得减税或适当提高土地容积率等优惠政策；也可以通过法律法规推行景观基础设施建设，如美国的新墨西哥州圣达菲于2009年推行了雨水利用法令，要求所有新建居民工程项目必须对雨水进行收集和景观利用[5]；此外，还可以为景观基础设施的建设提供技术、资金等方面的优惠支持。

波特兰市无疑是政府利用政策、法规对景观基础设施建设进行引导的典范，目前整个城市已经建成了完善的雨水综合管理系统（图11-3）。这些成果的取得很大程度上得益于政府政策和法令的积极推动。政府通过税收政策、银行贷款和区域奖励计划，推动了300个屋顶雨水花园的建设，使大约50000套房屋拥有简易的雨水收集利用系统。同时，政府根据房屋、停车场等不透水铺装所占的面积对办公建筑和私人住宅征收雨水税（Storm Water Fee），但是可以通过建设一定面积的可渗透雨水花园进行补偿。征收的雨水税也被积极用于结合道路分隔带建设雨水花园，促进了街道等公共设施的生态改造。在政策推行的十年时间里，大约1/6的城市雨水已经得到了再利用或者就近渗透，并新增了大量的绿色道路、绿色屋顶和公共空间景观，取得了显著的环境和经济效益。❶

❶ http://www.usatoday.com/news/nation/environment/2010-03-28-portland-sewers_N.htm [2010-10]。

图 11-3 波特兰雨水管理景观基础设施（来源：http://www.usatoday.com）

11.5　加强社会公众和公共组织的参与

基础设施是一种重要的城市公共服务设施，对其进行改造可以广泛而迅速地影响公众利益，带来积极的社会反响，进而获得更加显著的公众支持。社会公众和公共组织的参与是促进景观基础设施实施的一种重要的社会推动力量。这里所提到的社会参与，不是在景观基础设施设计完成后对设计方案进行公众展示和评议，而是主张在项目开始之初就让社会公众和组织参与进来，并贯穿于整个设计、实施过程，包括前期调研、设计研讨、方案完善等多个阶段，甚至在后期运营、管理和维护等方面都可以发挥广泛的社会参与作用。

11.5.1　在设计过程中引入市民参与

公众都会对与其自身利益直接相关的事情产生浓厚的兴趣，通过引导能够使公众的关注发挥非常积极的作用。设计师应当抓住这一特点，对公众关注度进行适当的干预，使其成为一种积极的社会推动力量。

从城市基础设施的角度来看，每一位居民都是基础设施最密切和直接的使用者。基础设施的公共使用特征使得景观基础设施的设计需要与城市居民进行紧密的交流和互动，就像设计私人庭院需要与业主交流一样。

公共的参与将成为景观基础设施设计过程的积极推动因素，可以根据不同行业、具有不同价值观念和使用需求的使用者的建议，作出更加符合实际的判断，依据客观条件作出更加合理的设计决策（图11-4）。通过公众的参与，也可以使景观基础设施更加符合广大城市居民的切身利益，得到更多城市居民的关注和认可，从而充分调动社会积极性，体现社会的公众责任。

11.5.2　利用公共组织推动景观基础设施实施和发展

从大量已经实施的项目来看，许多自发的公共公益组织成为重要的推动力量。这些公共保护组织通常由周边市民和其他相关利益群体组成，包括多种专业背景的人群，对整个基础设施的情况比较了解，能够代表与之相关的公共利益。公共组织通过开展包括争取赞助、志愿者招募、专业研究和调查等多种形式的活动，来有效地推动景观基础设施的实施甚至后期的管理维护。

这种方式的明显优势在于能够利用民众对自身健康环境的需

图 11-4 公众参与设计过程（来源：CMG 景观设计公司）

求，产生管理成本相对低廉（公益性组织、志愿者和区域居民的自发参与），公众满意度高（代表与项目最相关的广泛群众的意见）和长期性的推动方案（项目关系到周围居民的切身利益，自发和自愿具有持久的刺激效力）。

从美国高线公园项目中可以看到，公共组织"高线之友"所发挥的巨大的作用。这个1999年成立的社会公益组织在成立之初就以高线（High Line，废弃的城市高架轨道交通线路）的保护和作为公共空间进行再利用为主要目标，并通过不断的努力积极推动高线公园项目的立项和发展。最初该组织为建筑师凯西·琼斯（Casey Jones）提供了研究基金，支持其对"高线再利用"的研究，并因此争取到了政府的支持；随后对"高线再利用"的经济合理性进行了评估，展示了高线公园建设所带来的税收和其他利润将比其建造成本高出许多，争取到政府的确认和政策的支持；接着在2003年组织了高线公园设计的国际竞标。在高线公园第一标段完成后，该公共组织转向对完成部分进行管理、维护和运营，通过设立基金会吸收社会资金，并通过经营活动解决公园的大部分日常开销，并组织大量包括艺术展览、艺术课程、户外演出、家庭园艺实践等在内的多样公共活动，使高线公园逐渐成为广受城市居民欢迎的活力空间。❶高线之友实现了非常成功的公园运营，根据年度税务报表显示，2013年高线公园总收入为3169万美元，而政府拨款仅为8.7万，还不到其总收入的1%。❷

❶ http://www.thehighline.org [2010–12]。

❷ http://news.zhulong.com/read/detail210172.html [2016–5]。

参考文献

第1章

[1]凯文·林奇. 城市形态 [M]. 北京：华夏出版社，2010：90

[2]李德华. 城市规划原理（第三版）[M]. 北京：中国建筑工业出版社，2001：1

[3]刘易斯·芒福德. 城市发展史——起源、演变和前景 [M]. 北京：中国建筑工业出版社2008：341

[4]李开然. 绿色基础设施：概念，理论及实践[J]. 中国园林，2009，(9)：88

[5]特雷布. 现代景观——一次批判性的回顾 [M]. 北京：中国建筑工业出版社，2008：92

[6]凯文·林奇. 城市形态 [M]. 北京：华夏出版社，2010：59

[7]布雷特·密里根. 扩张城市的都市主义——连接对立系统的创新设计 [J]. 风景园林，2009，(2)：62

[8]特雷布. 现代景观——一次批判性的回顾 [M]. 北京：中国建筑工业出版社，2008：95

[9]何强，井文涌，王翊亭. 环境学导论 [M]. 北京：清华大学出版社，2004：2

[10]洪盈玉. 景观基础设施探析 [J]. 风景园林，2009，(3)：44-48

[11]翟俊. 基于景观基础设施的景观城市——景观都市主义之路 [J]. 景观设计学，2009，(5)：47

[12]乔治·哈格里夫斯. 洛杉矶河专题设计——哈佛大学设计研究生院景观设计实例 [M]. 北京：中国建筑工业出版社，2005. 21，25

[13]罗杰·特兰西克. 寻找失落空间——城市设计的理论 [M]. 北京：中国建筑工业出版社，2008：3

[14]安东内拉·胡贝尔. 地域·场地·建筑 [M]. 北京：中国建筑工业出版社，2004：9

[15]简·雅各布斯. 美国大城市的死与生 [M]. 南京：译林出版社，2005：283

[16]谭纵波. 城市规划 [M]. 北京：清华大学出版社，2005：117

[17]罗杰·特兰西克. 寻找失落空间——城市设计的理论 [M]. 北京：中国建筑工业出版社，2008：97

[18]安东内拉·胡贝尔. 地域·场地·建筑 [M]. 北京：中国建筑工业出

版社，2004：8

[19]罗杰·特兰西克. 寻找失落空间——城市设计的理论［M］. 北京：中国建筑工业出版社，2008：106

[20]余建忠. 浙江省城市基础设施现代化指标体系研究［D］. 杭州：浙江大学，2004

[21]Diana Balmori. reframing the work of city-making［J］. Korean Landscape Architecture, 1995, (9):162-171

[22]Kathy Poole. Civic ecology: infrastructure in the dynamic city. Critical Urbanism, Proceedings of the Association of Collegiate Schools of Architecture Northeast Regional Conference, 1995

[23]Lewis Mumford. Technics and Civilization［M］. Harcourt.3

第2章

[1]李颖怡. 自然与人文共演城市绿心［J］. 中国园林，2010，（10）：13

[2]卡尔·斯坦尼兹，黄国平. 景观设计思想发展史（上）——在北京大学的演讲［J］. 中国园林，2001，（5）：92

[3]施奠东. 西湖志［M］. 上海：上海古籍出版社，1995：20

[4]同上6，20

[5]陈桥驿. 历史时期西湖的发展和变迁——关于西湖是人工湖及其何以众废独存的讨论［J］. 地域研究与开发. 1985，（2）

[6]李功成. 对杭州西湖园林变迁的思考［J］. 中国园林，2009，（1）：49

[7]Frederick Law Olmsted, Theodora Kimball. Frederick Law Olmsted: Landscape Architect, 1822-1903［M］. New York: Benjamin Blom, Inc., 1970

[8]刘滨谊，周晓娟. 美国自然风景园运动的发展［J］. 中国园林，2001，（5）：90

[9]曹康，林雨庄，焦自美. 奥姆斯特德的规划理念——对公园设计和景观规划的超越［J］. 中国园林，2005，（8）：38

[10]金经元. 奥姆斯特德和波士顿公园系统（上）［J］. 城市管理，2009，（2）：12

[11]刘东云，周波. 景观规划的杰作——从"翡翠项链"到新英格兰地区的绿色通道规划［J］. 中国园林，2010，（3）：59

[12]杨冬辉. 因循自然的景观规划——从发达国家的水域空间规划看城市景观的新需求［J］. 中国园林，2002，（3）

[13]Anne W. Spirn. The Granite Garden: Urban Nature and Human

Design. New York: Basic Books, 1984.

[14]Elizabeth Mossop. Landscapes of infrastructure [A]. In Charles Waldheim, eds. landscape urbanism[C]. New York: Princeton Architectural, 1992: 165

[15]阿杜·阿基诺. 城市与河流的诗意和谐——访国际著名景观建筑设计师、SWA城市规划和景观设计集团CEO兼董事长凯文·杉立 [J]. 风景园林特刊, 2009, (3): 12

[16]詹姆士·科纳. 复兴景观是一场重要的文化运动 [A]. 出自詹姆士·科纳. 论当代景观建筑学的复兴 [C]. 北京: 中国建筑工业出版社, 2007: 2

[17]Thorbjörn Andersson. Landscape Urbanism versus Landscape Design [J]. TOPOS, 2010 (71)

[18]吴欣. 当代景观评论之戴安娜·巴摩里访谈 [J]. 景观设计学, 2010, (4): 194

[19]吴良镛. 关于园林学重组与专业教育的思考 [J]. 中国园林, 2010, (1)

[20]王向荣, 林箐. 现代景观的价值取向 [J]. 中国园林, 2003, (1)

[21]大卫·弗莱切尔. 景观都市主义与洛杉矶河 [J]. 风景园林, 2009, (2): 55

[22]简·阿密顿. 移动的地平线——凯瑟琳·古斯塔夫森及合伙人事务所的景观设计学 [M]. 深圳: 安基国际印刷出版有限公司

[23]胡一可, 刘海龙. 景观都市主义思想内涵探讨 [J]. 中国园林, 2009, (10): 67

[24]王立科, 王兰明. 美国生态规划的发展（一）——历史与启示 [J]. 广东园林, 2005, 31 (5)

[25]王向荣, 林箐. 西方现代景观设计的理论与实践 [M]. 北京: 中国建筑工业出版社, 2002: 207-214

[26]Elizabeth Mossop. Landscapes of infrastructure [A]. In Charles Waldheim, eds. landscape urbanism[C]. New York: Princeton Architectural, 1992: 165

[27]张京祥. 西方城市规划思想史纲 [M]. 南京: 东南大学出版社, 2005: 101

[28]吴良镛. 关于园林学重组与专业教育的思考 [J]. 中国园林, 2010, (1): 29

[29]陈敏豪. 生态文化与文化前景 [M]. 武汉: 武汉出版社, 1995

[30]O. Yanitsky. The city and ecology [M]. Moscow: Nauka, 1987

[31]刘洁，吴仁海. 城市生态规划的回顾与展望 [J]. 生态学杂志，2003，22（5）：118-122

[32]张京祥. 西方城市规划思想史纲 [M]. 南京：东南大学出版社，2005：238

[33]俞孔坚，李迪华，等. 城市生态基础设施建设的十大景观战略 [J]. 住宅产业，2010，（4）

[34]马克·A·贝内迪克特，爱德华·T·麦克马洪. 绿色基础设施——连接景观和社区 [M]. 北京：中国建筑工业出版社，2010：1；俞孔坚，李迪华，等. 城市生态基础设施建设的十大景观战略 [J]. 住宅产业，2010，（4）

[35]同上：37

[36]刘海龙. 从"Landscape+X"演变看当代景观复兴 [A]. 杨锐. 明日的风景园林学国际学术会议论文集 [C]. 北京：清华大学出版社，2013：126.

[37]Victor Gruen. Cityscape and Landscape [J]. Arts and architecture. 1955, (9):18-37

[38]Peter G. Rowe. Making a middle landscape [M]. Massachusetts: The MIT Press, 1992

[39]Kenneth Frampton. Towards an urban landscape [M]. New York: Columbia Documents, 1994:89-92

[40]Rem Koolhaas. IIT student center competition address. Illinois Institute of Technology, 1998, (3)

[41]詹姆士·科纳. 地形流动 [J]. 世界建筑，2010，（1）：17

[42]Charles Waldheim. Introduction: A Reference Manifesto [A]. In Charles Waldheim, eds. landscape urbanism[C]. New York: Princeton Architectural, 1992

[43]胡一可，刘海龙. 景观都市主义思想内涵探讨 [J]. 中国园林，2009，（10）：68

[44]Thorbjörn Andersson. Landscape Urbanism versus Landscape Design [J]. TOPOS, 2010, vol.71

[45]杨沛儒. 流动地景：大尺度城市景观的生态设计方法 [J]. 世界建筑，2010，（1）：80

[46]Weller, Musiatowicz. Landscape Urbanism: Polemics toward an Art of Instrumentality [A]. In Jessica Blood, Julian Raxworthy, eds. THE MESH BOOK: Landscape / infrastructure[C], Melbourne: RMIT University Press, 2004：66-75

第3章

[1]格杜·阿基诺,文桦.从景观基础设施看事业新风景——访LA设计师格杜·阿基诺[J].风景园林,2009,(3):41

[2]华晓宁,吴琅.当代景观都市主义理念与实践[J].建筑学报,2009,(12):85

[3]翟俊.基于景观基础设施的景观城市——景观都市主义之路[J].景观设计学,2009,(5):46-51

[4]翟俊.协同共生:从市政的灰色基础设施、生态的绿色基础设施到一体化的景观基础设施[J].规划师,2012,28(9):72

[5]伊丽莎白·莫索普.基础设施景观[G]//查尔斯·瓦尔德海姆.景观都市主义读本.北京:中国建筑工业出版社,2010:145-153

[6]Pierre Bélanger. landscape infrastructure[D]. Wageningen: Wageningen University, 2013.

[7]洪盈玉.景观基础设施探析[J].风景园林,2009,(3):45

[8]Spiro N. Pollalis, Andreas Georgoulias, Stephen J. Ramos, Daniel Schodek. infrastructure sustainability and design [M]. London: Routledge, 2012:276

[9]Stan Allen. Mat Urbanism: The Thick 2-D [G]// Hashim Sarkis. Case: Le Corbusier's Venice Hospital and the Mat Building Revival. Munich: Prestel, 2001: 118-126

[10]R.E.索姆.没有建筑的城市主义[G]//斯坦·艾伦.点+线——关于城市的图解与设计.北京:中国建筑工业出版社,2007

[11]斯坦·艾伦.点+线——关于城市的图解与设计[M].任浩,译.北京:中国建筑工业出版社,2007:276

[12]Gary L. Strang. Infrastructure as landscape[J].places,1996,10(3)

[13]James Brown, Kim Storey. Rainwater in the urban landscape [J]. places, 1996, 10(3)

[14]Cynthia L. Girling. Where waterworks meet nature[J].places,1996,10(3)

[15]Peter Bosselmann. The transformation of a landscape[J].places, 1996, 10(3)

[16]Robert Wright. The transformation of a landscape: how the seaton process worked[J].places, 1996, 10(3)

[17]Elizabeth K.Meyer. The transformation of morphology: Mississippi river valley[J].places, 1996, 10(3)

[18]Ed Lebow. Plans and Possibilities[J].places, 1996, 10 (3)

[19]Reed Kroloff. From Infrastructure to Identity[J].places, 1996, 10 (3)

[20]Ron Jensen. Artists and the New Infrastructure[J].places, 1996, 10 (3)

[21]Phil Jones. An Evolving Mission[J].places, 1996, 10 (3)

[22]查尔斯·瓦尔德海姆.绪论基本宣言[G]//查尔斯·瓦尔德海姆.景观都市主义读本.北京:中国建筑工业出版社, 2010:3

[23]Julian Raxworthy, Jessica Blood. The Mesh Book: Landscape / Infrastructure[M].Melbourne: RMIT University Press, 2004

[24]詹姆士·科纳.流动的土地[G]//查尔斯·瓦尔德海姆.景观都市主义读本.北京:中国建筑工业出版社, 2010:15-17

[25]皮埃尔·贝兰格.人造表面[G]//查尔斯·瓦尔德海姆.景观都市主义读本.北京:中国建筑工业出版社, 2010:236-237

[26]亚历克斯·沃尔.设计城市表面[G]//詹姆士·科纳.论当代景观建筑学的复兴.北京:中国建筑工业出版社, 2008

[27]伊丽莎白·莫索普.基础设施景观[G]//查尔斯·瓦尔德海姆.景观都市主义读本.北京:中国建筑工业出版社, 2010:145-153

[28]杰奎琳·塔坦.城市公路：棘手的公共领域[G]//查尔斯·瓦尔德海姆.景观都市主义读本.北京:中国建筑工业出版社, 2010

[29]Pierre Belanger. Landscape Infrastructures: Emerging Paradigms, Practices & Technologies, the Contemporary Urban Landscape[DB/CD]. Toronto: Univ of Toronto Pr, 2008

[30]哈佛大学. Conference: "Landscape Infrastructure" [EB/OL]. [2015-10-15]. http://www.gsd.harvard.edu/#/events/landscape-infrastructure.html

[31]加州大学洛杉矶分校. ABOUT WPA 2.0[EB/OL]. [2015-11-4].http://wpa2.aud.ucla.edu/info/index.php?/about/about/

[32]Ying-Yu Hung, Gerdo Aquino. Landscape Infrastructure: Case Studies by SWA[M]. Basel: Birkhauser Verlag AG, 2013

第4章

[1]王向荣, 林箐. 现代景观的价值取向 [J]. 中国园林, 2003, (1)

[2]联合国. 国际千年生态系统报告 [R]. 2005

[3]彼得·拉茨, 刘玉树, 夏源. 蜕变 [J]. 中国园林, 2008, (7): 35

[4]彼得·拉茨, 刘玉树, 夏源. 蜕变 [J]. 中国园林, 2008, (7): 35

[5]里埃尔·玛格丽特，亚历山大·罗宾逊. 生命的系统——景观设计材料与技术创新 [M]. 大连：大连理工大学出版社，2009：14

[6]GROSS.MAX.. 国际新锐景观事务所作品集GROSS.MAX. [M]. 大连：大连理工大学出版社，2008：100-105

[7]SWA集团. 加利福尼亚自然科学博物馆 [J]. 风景园林特刊，2009，（3）：16

[8]李红钦. 论自然生产力 [J]. 改革与战略，2009，（7）

[9]布雷特·密里根. 扩张城市的都市主义——连接对立系统的创新设计 [J]. 风景园林，2009，（2）：62-66

[10]简·雅各布斯. 美国大城市的死与生 [M]. 南京：译林出版社，2005

[11]Groundlab 联合体. 厚土——龙岗城市再生 [J]. 风景园林，2009，（2）：67

[12]Topotek1. 运动场 / 停车场 [J]. 国际新景观，2010，（1）

[13]James Corner. Landscape urbanism [A]. In Mohsen Mostafvi, Ciro Najle, eds. Landscape Urbanism A Manual for the Machinic Landscape [C]. AA publications, 2003. 63

[14]詹姆士·科纳. 地形流动 [J]. 世界建筑，2010，（1）：20

[15]华晓宁. 回眸拉维莱特公园—景观都市主义的滥觞 [J]. 中国园林，2009，（10）：71

[16]刘晓明. 风景过程主义之父-美国风景园林大师乔治·哈格里夫斯 [J]. 中国园林，2001，（3）

[17]王向荣，林箐. 西方现代景观设计的理论与实践 [M]. 北京：中国建筑工业出版社，2002：259

[18]亚历克斯·沃尔. 设计城市表面 [A]. 出自詹姆士·科纳. 论当代景观建筑学的复兴 [C]. 北京：中国建筑工业出版社，2007：247

[19]张健健. 从废弃军事基地到城市公园——多伦多当斯维尔公园设计及其启示[J]. 规划师，2006(3):96

[20]琳达·波拉克. 矩质景观：构建大型公园的个性特征[A]. 茱莉娅·克泽尼亚克，乔治·哈格里夫斯. 大型公园[C]. 大连:大连理工大学出版社,2013:87-88

[21]虞莳君，丁绍刚. 生命景观从垃圾填埋场到清泉公园[J]. 风景园林，2006(6):26-31

[22]詹姆斯·科纳. 地形流动[J]. 世界建筑，2010(1):20

[23]Stoss LU. 国际新锐景观事务所作品集Stoss LU [M]. 大连：大连理工大学出版社，2008：156-167

[24]王向荣，林箐. 现代景观的价值取向 [J]. 中国园林，2003，（1）

[25]Rem Koolhaas, Bruce Mau, Hans Werlemann. S,M,L,XL [M]. Monacelli Press, 1998

[26]余畅. 整合生态与景观的绿色高速公路——上海崇启通道生态景观规划 [J]. 风景园林，2009，（3）：35-40

[27]芭芭拉·阿罗森. 希冀，成见，美 [J]. 景观设计学，2010，（5）：48-49

[28]杰基·布鲁克娜境外事务所. 都市雨 [J]. 景观设计学，2010，（5）：104-107

[29]洪盈玉. 景观基础设施探析 [J]. 风景园林，2009，（3）

[30]SWA集团. 杭州湖滨步行街和商业街区总体规划 [J]. 风景园林特刊，2009，（3）：40-43

[31]大都会建筑事务所，URBANUS都市实践建筑事务所. 深圳水晶岛规划设计 [J]. 风景园林，2009，（3）：16-19

第5章

[1]大都会建筑事务所，URBANUS都市实践建筑事务所. 深圳水晶岛规划设计 [J]. 风景园林，2009，（3）：16-19

[2]阿杜·阿基诺. 城市与河流的诗意和谐——访国际著名景观建筑设计师、SWA城市规划和景观设计集团CEO兼董事长凯文·杉立 [J]. 风景园林特刊，2009，（3）：13

[3]国家海洋局. 2007年中国海平面公报. http://www.cqn.com.cn/news/xfpd/szcj/cj/188840.html

[4]SCAPE事务所. 高斯瓦那运河、红钩区和酪乳峡地区[J]. 景观设计学，2010，（3）：82-87

[5]吴隽宇. 西班牙萨拉戈萨水上公园设计 [J]. 华中建筑，2010，（10）：130-132

[6]Hough, M. City form and natural process[M]. Sydney: Croom Helm Ltd, 1984

[7]威廉·汤普森. 利用雨水打造创新的水体景观[J]. 城市环境设计，2008，（1）：10

[8]杨猛. 北京雨水排水系统[EB/OL]. http://www.landscape.cn/paper/cs/2010/6699533349392.html

[9]李海燕，梅慧瑞，徐波平. 北京城市雨水排水管道中沉积物沉积状况调查研究[J]. 中国给水排水，2011，（6）

[10]秦大河，丁一汇，苏纪兰等. 中国气候与环境演变评估（1）：中国气候与环境变化及未来趋势[J]. 气候变化研究进展，2011，（1）：1

[11]王祎萍. 北京市超量开采地下水引起的地面沉降研究[J]. 勘察科学技术, 2004, (5)

[12]解决用水紧张问题请为北京多留些雨水[EB/OL]. http://news.163. com/05/0617/13/1MF1DEUM0001125G.html, 2013-05-10

[13]Richman T. Start at the Source: Design Guidance Manual for Stormwater Quality Protection [M]. San Francisco: Bay Area Stormwater Management Agencies Association, 1999.

[14]李俊奇, 车伍. 城市雨水问题与可持续发展对策[J]. 城市环境与城市生态, 2005, 18(4): 5

[15]Florian Boer. Watersquares- the Elegant Way of Buffering Rainwater in Cities [J]. TOPOS, 2010, 70(6)

[16]荷兰HOSPER 事务所. 海尔许霍德休闲地带——卢那公园 [J]. 风景园林, 2010, (5): 94-97

[17]Mary H. Cooper Ellis. Buried no more [J]. Landscape architecture, 2010, (5): 24-37

[18]Balmori. 国际新锐景观事务所作品集Balmori [M]. 大连: 大连理工大学出版社, 2008. 114-119

第6章

[1]杰奎琳·塔坦. 城市公路: 棘手的公共领域[G]// 查尔斯·瓦尔德海姆. 景观都市主义读本. 北京: 中国建筑工业出版社, 2011: 161-162, 164.

[2]Kathy Poole. Civitas Oecologie: Infrastructure in the Ecological City[G] // Theresa Genovese, Linda Eastley, Deanna Snyder, et al. Harvard Architecture Review. New York: Princeton Architectural Press, 1998.

[3]Rodney R. White. 生态城市的规划与建设 [M]. 上海: 同济大学出版社, 2009: 93

[4]杰奎琳·塔坦. 城市公路: 棘手的公共领域[G]// 查尔斯·瓦尔德海姆. 景观都市主义读本. 北京: 中国建筑工业出版社, 2011: 161-162, 164.

[5]Joan Busquets. Barcelona the urban evolution of a compact city[M]. ORO Applied Research + Design, 2014: 376.

[6]Jacobo Krauel. URBAN SPACES-environment for the future [M]. Barcelona: LINKS, 2009: 20-31

[7]李华东. 西雅图景观雕塑公园 [J]. 建筑学报, 2009, (5): 62-68

[8]SLA．国际新锐景观事务所作品集SLA [M]．大连：大连理工大学出版社，2008：234-243

第7章

[1]翟俊．不以审美表象为主导的师法自然——行使功能的景观 [J]．中国园林，2010，(12)：38

[2]詹姆斯·科纳．弗莱士河公园 [J]．世界建筑，2010，(1)：40-43

[3]任艳军，陈其兵.人工湿地系统在成都市园林绿化建设中应用的探索[A].风景园林人居环境小康社会——中国风景园林学会第四次全国会员代表大会论文选集（上册）[C].2008:109

[4]白晓慧，王宝贞，余敏，聂梅生.人工湿地污水处理技术及其发展应用[J].哈尔滨建筑大学学报，1999,32(6):88-92

[5]易道EDAW．上海化学工业园——不仅仅是自然处理系统．景观设计，2006，(4)：40-44

[6]里埃特·玛格丽丝，亚历山大·罗宾逊.生命的系统[M].大连:大连理工大学出版社,2009:112-113

[7]Zhang Shaojie, Xiao Tieqiao. Building Information Modeling and Sustainable Architecture Design Analysis[A].International Conference on Advanced Information and Communication Technology for Education[C].2013:758-760

[8]弗雷德里克·斯坦纳，史蒂芬·温德哈格，马克·T·西蒙斯等.场所的健康[J].中国园林,2010,(6):14-15

[9]PORT建筑+都市主义事务所．碳技术：浮桥藻类公园 [J]．景观设计学，2010，(3)：90-93

[10]城市生态系统设计事务所．马德里新郊区的生态大道 [J]．风景园林，2010，(5)：142-147

第8章

[1]翟俊．不以审美表象为主导的师法自然——行使功能的景观 [J]．中国园林，2010，(12)：39

[2]维克拉姆·布哈特.适应气候变化和粮食安全的景观和城市设计[J].景观设计学,2010,(5):62-67

[3]Chisholm M. Rural Settlement and Land Use[M].London: Hutchinson &Co. 1972:20-32

[4]埃比尼泽·霍华德.明日的田园城市[M].北京:商务印书馆,2010:35-42

[5]埃比尼泽·霍华德．明日的田园城市 [M]．北京：商务印书馆，2010

[6]文桦. 生态园林和谐城市的一条"自然之道"——访中国著名园林专家程绪珂[J]. 风景园林, 2009, (3): 14

[7]弗莱切尔工作室. 互惠场——西班牙马德里巴尔德维巴斯公园概念设计 [J]. 风景园林, 2009, (3): 26-29

[8]詹姆斯·科纳. 谢尔比农业公园 [J]. 世界建筑, 2010, (1): 44-47

第9章

[1]詹姆斯·科纳. 高线公园 [J]. 世界建筑, 2010, (1): 32-39

第10章

[1]马克·A·贝内迪克特, 爱德华·T·麦克马洪. 绿色基础设施——连接景观和社区 [M]. 北京: 中国建筑工业出版社, 2010. 9

[2]范颖华. 北京城市密度尚有发展空间[N]. 华夏时报. 2007年6月10日

[3]卡尔·斯坦尼兹, 黄国平. 景观设计思想发展史（上）——在北京大学的演讲 [J]. 中国园林, 2001, (5)

[4]邬建国. 景观生态学——概念与理论[J]. 生态学杂志, 2000, (1): 42-52

[5]马克·A·贝内迪克特, 爱德华·T·麦克马洪. 绿色基础设施——连接景观和社区 [M]. 北京: 中国建筑工业出版社, 2010. 13-14

[6]俞孔坚, 李迪华, 等. 城市生态基础设施建设的十大景观战略 [J]. 住宅产业, 2010, (4): 75-77

[7]杨沛儒. 流动地景: 大尺度城市景观的生态设计手法 [J]. 世界建筑, 2010, (1): 80-84

[8]Charles Waldheim. Introduction: A Reference Manifesto [A]. In Charles Waldheim, eds. landscape urbanism[C]. New York: Princeton Architectural, 1992

[9]詹姆斯·科纳. 打造水城 [J]. 风景园林, 2010, (5): 22-27

[10]CMG景观设计公司. 金银岛重新发展计划: 再生的生态都市 [J]. 景观设计学, 2009, (5): 96-99

[11]Daniel Jost. American's Ecocity [J]. landscape architecture, 2010, (4): 48-54

第11章

[1]唐军. 现代景观中的实践——以西雅图滨水地区景观设计为例 [J]. 规划师, 2001, 17 (4)

[2]Diana Balmori. reframing the work of city-making [J]. Korean

Landscape Architecture, 1995, (9)

[3] 林箐. 景观与技术 [J]. 风景园林，2010,（4）

[4] 里埃尔·玛格丽特，亚历山大·罗宾逊. 生命的系统——景观设计材料与技术创新 [M]. 大连：大连理工大学出版社

[5] 童国庆. 美促进暴雨雨水利用 [N]. 中国环境报，2009年8月4日

后　记

景观基础设施设计思想所探讨的核心内容，实际上就是将基础设施作为未来景观实践可以涉及的重要领域和一种重要的城市景观来看待。

现代城市中，每一个居民无时无刻不在享受基础设施所提供的城市服务，但是也需要注意，现代工业革命以来，为了实现基础设施更高的功能技术效率，它已经变得越来越标准化；对于这种无处不在的城市基础支撑系统，仅仅从工业技术标准出发来进行考虑和评估，而其在生态、社会、美学等方面的功能却被忽视，致使许多城市基础设施区域已经成了严重污染城市、破坏环境、缺失肌理、功能低下、蕴含危机的城市区域，是一种"失落的城市空间"。需要指出的是，许多现代城市基础设施已经发出了功能缺失和不足的信号，但却被认为是由于其自身所遵循的工业化机器模式的必然结果，而且这些问题将随着不断深入的现代城市化发展和越来越显著的全球气候变化而日益严重，如果不妥善解决，将极有可能破坏城市未来持续发展的能力。

今天，随着现代景观与生态学思想结合的日益紧密，在现代技术的支持下，通过发挥其自身特征和运用多学科合作的方法，景观实践已经在城市领域不断深入，越来越多地被用作缓解现代城市问题的一种有效手段。

景观基础设施的实践不仅局限于工程性基础设施的范畴，现在也开始越来越多地关注社会性基础设施的领域，在城市公共安全、公民平等、弱势群体关怀援助、社会教育等方面都有所涉及。例如，空地图书馆（Vacant Lot Library）项目获得了2010年ASLA学生设计竞赛的杰出奖，在该方案中，设计师利用闲置的空地，为旧金山的一个最贫困的社区修建了一个户外图书馆景观空间。通过将荒废的空间转化为一种"学习型的景观基础设施"，设计师设想将知识作为一种改变社区贫穷面貌的有效手段，同时也为社区提供难得的公共活动空间，以此支持社区民众的创新、教育和交流活动，为形成一个可持续、安全的社区奠定基础。

随着城市的发展，城市的功能要求不断增多，现代城市基础设施的种类也在不断增加。在这样的背景下，随着景观基础设施实践的不断深入，它的种类和内容也在不断地扩展和完善，需要我们不断地进行创造性的设计研究。

从现代景观的视角，现代城市基础设施被重新看作是一项重要的未利用城市资源，可以运用景观手段对其进行重新定义，将自然生态过程、基础设施功能、城市经济发展、社会文化生活需求等结合起来，实现基础设施对现代城市更加强大和高效的基础支撑功能。景观基础设施理论更加关注城市自身的特殊性，将纯粹的自然环境和城市独特的自然环境区别看待，重点形成具有城市特征和符合城市要求的城市自然功能形态，不是将自然环境与城市工程看作一个相互对抗、难以调和的关系，而是在景观基础设施中努力追求二者的融合；另外，基础设施原本功能的发挥不受影响是景观基础设施设计的一个重要前提，可以通过生态、文化等要素的引入，改变其传统的功能发挥模式，使其具有更强的功能效率，满足更加复杂、变化和多元的城市基础服务功能需求；景观基础设施同时注重通过降低现代基础设施对周围城市区域的影响，强调建立其与周围环境的健康联系，成为未来城市区域更新和加强城市联系的一种新的有效手段，从而推动其自身与周边环境的整体发展；最后，景观基础设施对传统基础设施的单一功能性进行了反思，主张在基础设施空间中融入更加多元的社会生活服务功能，重新建立富有活力的城市基础设施空间。

自然系统、社会系统和城市基础设施系统之间可以整合的关系给研究带来了很大的启发——通过建立与生态系统、城市公共空间系统相联系的景观基础设施网络可以寻找到一条新的城市开发途径，并且可以作为未来城市生态建设的一种可以遵循的有效模式。

景观基础设施研究具有很强的必要性和广泛的应用前景，尤其是对正在经历史无前例的快速城市化发展和进行大规模城市基础设施建设的中国而言。本书结合大量的实际建成的案例进行研究分析，进而可以更加有效地指导未来的景观基础设施实践，并且希望可以在实践的过程中，使本书内容和形式得到不断的扩充和完善。除了本书所述内容外，景观基础设施设计思想还具有很大的研究空间，对每一种具体的景观基础设施类型也需要进行更加深入和详细的研究。

限于笔者的阅历和实践经验尚浅，本书中可能会存在不成熟的观点，恳请各位读者多多指教。景观基础设施理论尚处在研究和发展阶段，希望本书的研究能够起到抛砖引玉的作用，给更多的专家、学者、城市管理者、风景园林师、城市规划师、建筑师和基础设施工程师带来一些思考和启示。

本书是在博士研究论文的基础上，结合后期的深入研究、整理而形成的一个阶段性成果。在研究的过程中得到了许多人的无私帮助，尤其要感谢我的导师王向荣教授和师母林箐教授，他们的学术和实践研究不断地扩展着我的视野，激励着我不断前进；感谢李雄教授、刘志成教授、曹礼昆教授、刘晓明教授、董璁教授、梁伊任教授、雷芸副教授、张晓佳副教授、魏民副教授、郑小东副教授、郦大方副教授、蔡凌豪副教授等众多在我求学过程中给予无私关怀的老师；感谢郑曦、张晋石、李运远、郭巍、侯晓蕾、沈实现、匡纬、姚朋、李利、叶麟珀、俞静、李洋、赵晶、王思元、沈洁等兄长、同学的热情帮助；最后，特别要感谢我的家人，在我研究时一直陪在我的身边，给予我一如既往的支持和鼓励，成为我最温馨的心灵港湾。

本书在写作过程中得到北京林业大学青年教师科学研究中长期项目"城乡生态网络构建"（2015ZCQ-YL-02）、国家自然科学基金青年科学基金项目" 基于空间潜力和社会行为量化分析的城市型绿道网络识别和构建模式研究——以北京海淀区为例"（31600577）、城乡生态环境北京实验室的共同资助。